广州市中等职业学校电子技术技能教学评价标准

主　编　陈　凯

副主编　线成宇　何小春

参　编　董成波　肖志红　郭素花　付　强

林嬗沨　李　丽　叶俊杰

科学出版社

北　京

内 容 简 介

《广州市中等职业学校电子技术技能教学评价标准》涉及电子技术基础与技能、电子工艺等课程，内容涵盖电子核心技能的评价标准，包括电子元件的识别与检测、电子装配工具的使用、电子仪器的使用、电子产品的装配、电子产品功能的调试、电路的分析与检修六个模块。

本书既可作为职业院校电子技术技能教学的评价标准，也可作为社会从业培训的参考用书。

图书在版编目(CIP) 数据

广州市中等职业学校电子技术技能教学评价标准 / 陈凯主编．—北京：科学出版社，2017

ISBN 978-7-03-051558-2

Ⅰ.①广… Ⅱ.①陈… Ⅲ.①电子技术－课程标准－中等专业学校－教学参考资料 Ⅳ.①TN-41

中国版本图书馆CIP数据核字（2017）第001266号

责任编辑：蔡家伦　王会明 / 责任校对：刘玉靖
责任印制：吕春珉 / 封面设计：东方人华设计部

科学出版社出版
北京东黄城根北街16号
邮政编码：100717
http://www.sciencep.com
三河市骏杰印刷有限公司印刷
科学出版社发行　各地新华书店经销
*
2017年3月第 一 版　开本：787×1092 1/16
2021年7月第五次印刷　印张：6 1/4
字数：145 000
定价：28.00元

（如有印装质量问题，我社负责调换〈骏杰〉）
销售部电话 010-62136230　编辑部电话 010-62135397-2008

编写指导委员会名单

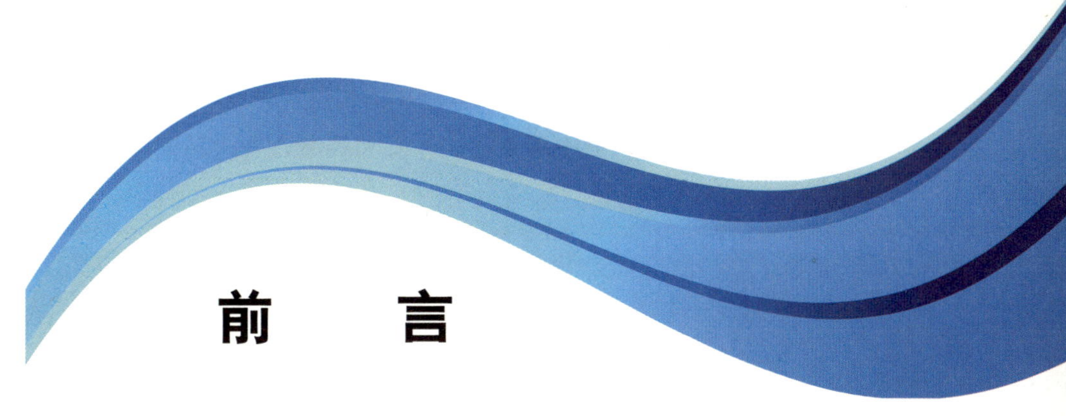

前　言

中华人民共和国教育部颁布的《教育部关于印发中等职业学校机械制图等9门大类专业基础课程教学大纲的通知》（教职成[2009]8号）中的《中等职业学校电子技术基础与技能教学大纲》（以下简称《大纲》）清晰界定了电子技术基础与技能课程的任务是使学生掌握电子信息类、电气电力类等专业必备的电子技术基础知识和基本技能。

中等职业学校电子电气类专业涉及的学校多，相关课程教学实施需要统一的教学评价标准，特别是与电子核心技能相关课程的教学，需要与行业规范接轨的教学评价标准。为此，广州市中等职业学校电子与电气教学研究会以实际应用为主线，根据《大纲》，参照中等职业学校学生将来从事的职业岗位要求和行业标准，结合国家职业标准对“广电和通信设备电子装接工”“广电和通信设备调试工”的相关标准，借鉴职业教育工学结合课程开发的相关技术，通过职业教育课程专家、电子行业专家、专业骨干教师三方参与的评价标准研制会议，采用科学的方法，研究制定了针对专业技能教学的《广州市中等职业学校电子技术技能教学评价标准》，其内容涉及电子技术基础与技能、电子工艺等课程，内容涵盖电子核心技能的评价标准。

该标准接轨行业规范，对学生学习相关课程后应达到的学习结果进行了精确描述，明确了如何判断学生是否达到标准的评价方法，即经过学习后应该掌握什么、能够做什么、能够达到什么水平，以及教师在教学过程中和教学完成后以什么标准判断学生是否达到了要求。该标准的制定，规范了相关课程的教学要求和学生的学习要求，也为相关课程的学科质量检测和电子专业的技能检测提供了依据。

编者在编写本书时从中等职业学校教学实际出发，注重实用性、可操作性，强调对学生职业素养的培养，内容深入浅出，采用图例、图表和实物图等，形象直观，便于教学。

本书由陈凯担任主编，线成宇、何小春担任副主编，董成波、肖志红、郭素花、付强、林嬗沨、李丽、叶俊杰参与编写。广州市电子行业、通信行业的多名专家对该标准的研制提供了大力的支持，从行业的角度进行了审定，在标准的研制和试行过程中，广州市中等职业学校的领导、电类专业广大教师给予了大力支持并提出了宝贵意见，在此一并表示衷心感谢。在编写过程中，编者参阅了大量行业、企业资料，在此对有关企业表示感谢。

由于编者水平有限，书中难免存在不妥和疏漏之处，恳请广大读者批评指正。

编　者

2016年12月

目 录

模块一 电子元件的识别与检测

技能教学内容

基础知识

（1）电阻器：各种常用电阻的实物、电路符号和识别方法，色环标注法和万用表测量阻值的方法。

（2）电容器：各种常用电容器的实物、电路符号和识别方法，电容器容量的表示方法，使用万用表测量电容器判断其极性和质量的方法。

（3）电感器：各种常用电感器的实物、电路符号和识别方法，使用万用表测量电感器判断其质量的方法。

（4）二极管：各种常见二极管的实物、电路符号和识别方法，使用万用表测量二极管判断其质量的方法。

（5）晶体管：各种常见晶体管的实物、电路符号及识别方法，使用万用表测量晶体管判断其类型、引脚极性及其质量的方法。

（6）集成电路：各种常见集成电路的实物及识别方法，集成电路的引脚识别。

（7）表面安装元器件：各种常见表面安装元器件的外形和识别方法，表面安装元器件的种类。

（8）开关：各种常见开关实物、电路符号，使用万用表测量开关判断其质量的方法。

（9）接插件：各种常见接插件实物、电路符号，使用万用表测量接插件判断其质量的方法。

（10）扬声器：各种常见扬声器实物、电路符号，使用万用表测量扬声器判断其质量的方法。

（11）传声器：各种常见传声器实物、电路符号，使用万用表测量传声器判断其质量的方法。

（12）继电器：各种常见继电器实物、电路符号及识别方法，使用万用表测量继电器判断其质量的方法。

（13）石英晶体振荡器：各种常见石英晶体振荡器实物及识别方法、电路符号，使用万用表测量石英晶体振荡器判断其质量的方法。

（14）七段 LED 数码管：各种常见七段 LED 数码管实物、电路接法，使用万用表测量七段 LED 数码管判断其质量的方法。

基本技能

（1）识别各种常见电阻器，识读、绘制电阻器的电路符号，根据电阻色环读取电阻阻值，使用万用表测量电阻确定阻值。

（2）识别各种常见电容器，识读、绘制电容器的电路符号，根据标示信息读取电容器容量，识别电解电容的正负极，使用万用表测量电容器判断其质量。

（3）识别常见电感器的种类，识读、绘制电感器的电路符号，用色标法识别电感器的电感量，使用万用表测量电感器并判断其质量。

（4）识别常见二极管的种类，识读、绘制二极管的电路符号，使用万用表测量二极管并判断其极性和质量。

（5）识别常见晶体管的种类，识读、绘制晶体管的电路符号，使用万用表测量晶体管并判断其极性和质量。

（6）识别常见集成电路的种类，正确识读集成电路的引脚。

（7）识别常见表面安装元器件的外形、种类。

（8）识别各种常用开关的外形、种类，识读、绘制开关的电路符号，使用万用表测量开关并判断其质量。

（9）识别各种常见接插件的外形、种类，识读、绘制接插件的电路符号，使用万用表测量接插件并判断其质量。

（10）识别各种常见扬声器的外形、种类，识读、绘制扬声器的电路符号，使用万用表测量扬声器并判断其质量。

（11）识别各种常见传声器的外形、种类，识读、绘制传声器的电路符号，使用万用表测量传声器并判断其质量。

（12）识别各种常见继电器的外形、种类，识读、绘制继电器的电路符号，使用万用表测量继电器并判断其质量。

（13）识别各种常见石英晶体振荡器的外形、种类，识读、绘制石英晶体振荡器的电路符号，使用万用表测量石英晶体振荡器并判断其质量。

（14）识别各种常见七段 LED 数码管的外形、种类，识读、绘制七段 LED 数码管，掌握其电路接法；使用万用表测量七段 LED 数码管并判断其质量。

项目一　电阻器的识别与检测

技能教学内容

（1）常见电阻器及其电路符号的认识。

（2）电阻器的色环标注法。

（3）用万用表测量电阻器阻值的方法。

技能教学目标

（1）能正确识别各种不同类型的电阻器。

（2）能正确绘制电阻器的电路符号。

（3）能根据色环读取色环电阻器的阻值。

（4）能正确使用万用表测量电阻器的阻值。

 技能评价标准

评价内容 1：从提供的元器件中找出电阻器。

评价标准：能够在几个不同类型的元器件（或一套电子电路元器件）中，根据常见电阻器的外形特征选取电阻器；能够在图 1-1-1 所示的元器件中正确选取电阻器。常见电位器如表 1-1-1 所示。

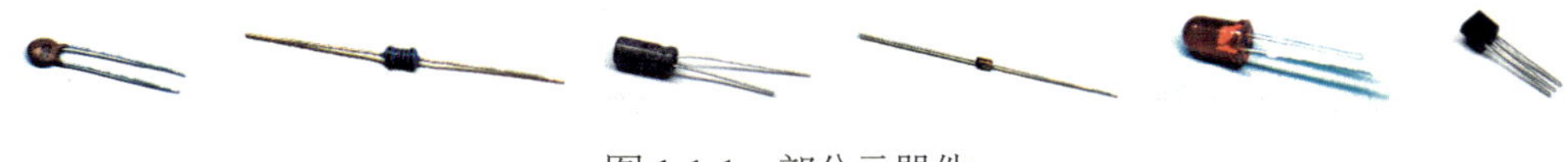

图 1-1-1　部分元器件

表 1-1-1　常见电位器

名称	实物图
电位器	单层　双层
微调电阻器	
精密微调电阻器	多圈

评价内容 2：认识电路中的电阻器符号，并绘制几种常见电阻器的电路符号。

评价标准：

（1）正确识读和绘制电阻器电路符号：。

（2）正确识读和绘制电位器电路符号：。

（3）正确识读和绘制光敏电阻器电路符号：。

评价内容 3：说出各色环所代表的数值及电阻器上各色环位的含义。

评价标准：

（1）能够准确阐述色环电阻器表面颜色代表的数字，如表 1-1-2 所示。

表 1-1-2　色环电阻器各颜色的含义

颜色	棕	红	橙	黄	绿	蓝	紫	灰	白	黑	金	银
代表数字	1	2	3	4	5	6	7	8	9	0	10^{-1}	10^{-2}

（2）能够根据四色环电阻器色环标注规则准确识读四色环电阻器的阻值。

如图 1-1-2 所示，四色环电阻器各色环的含义如下。

第一条色环：阻值的第一位数字。

第二条色环：阻值的第二位数字。

第三条色环：第一、二位数之后加“0”的个数。

第四条色环：允许误差（常用金色、银色表示，金色表示误差为 5%，银色表示误差为 10%）。

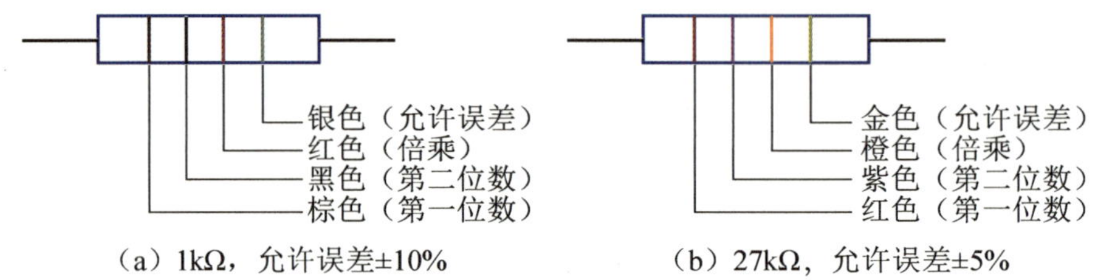

图 1-1-2　四色环电阻器各色环含义

例：能够正确读取以下四色环电阻器的电阻值，电阻器 1（棕 - 绿 - 红 - 金，1.5kΩ，允许误差 ±5%）、电阻器 2（蓝 - 灰 - 金 - 银，6.8Ω，允许误差 ±10%），以及其他同类型电阻器的电阻值。

（3）能够根据五色环电阻器色环标注规则准确读取五色环电阻器的阻值。

如图 1-1-3 所示，五色环电阻器各色环的含义如下。

第一条色环：阻值的第一位数字。

第二条色环：阻值的第二位数字。

第三条色环：阻值的第三位数字。

第四条色环：第一、二、三位数字之后加“0”的个数。

第五条色环：允许误差（常用棕色表示，误差为 1%）。

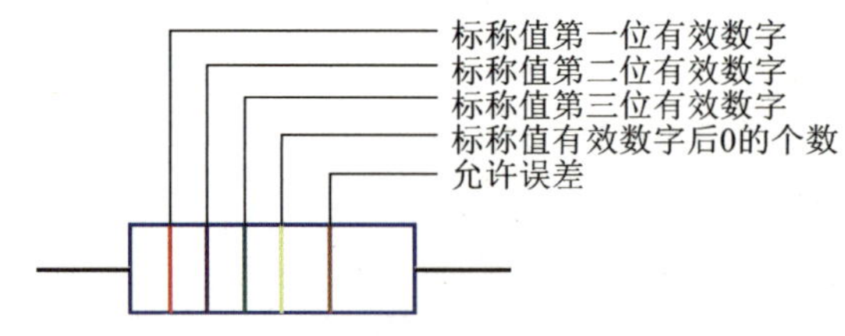

图 1-1-3　五色环电阻器各色环含义

例：能够正确读取以下五色环电阻器的电阻值，电阻器 1（红 - 黑 - 黑 - 黑 - 棕，200Ω，允许误差 ±1%）、电阻器 2（黄 - 紫 - 红 - 橙 - 棕，472kΩ，允许误差 ±1%），以及其他同类型电阻器的电阻值。

评价内容 4：使用万用表测量电阻器，并准确读取电阻值。

评价标准：

（1）能够正确按规范使用指针式万用表的欧姆挡进行测量。

① 进行机械调零：调节机械调零螺钉，使指针指在交流电压挡零刻度线的位置，观察指针位置时眼睛应正视表针，使表针与镜像中的指针重合。

② 选择合适的欧姆挡量程（倍乘数）。

③ 进行欧姆挡调零：将两支表笔短路，调节欧姆挡调零旋钮，使表针偏转至“Ω”刻度尺的 0 点处。

④ 用红黑表笔分别触碰电阻器两端的金属引脚，不可同时用手触碰电阻器两端的引脚，观察指针位置，读取指针在刻度盘“Ω”刻度尺对应处的读数，读取数据时眼睛应正视表针，使表针与镜像中的指针重合。

⑤ 将读数乘以挡位倍乘数，得到电阻器电阻值数据并记录。

（2）能够根据万用表测量电阻器时的欧姆挡量程和刻度盘显示的指针位置，正确识读电阻器电阻值。能够正确完成图 1-1-4 所示电阻测量结果的识读（其中欧姆挡量程选择为 $R\times100$，测量操作正确），以及其他类似场合电阻测量结果的读取。

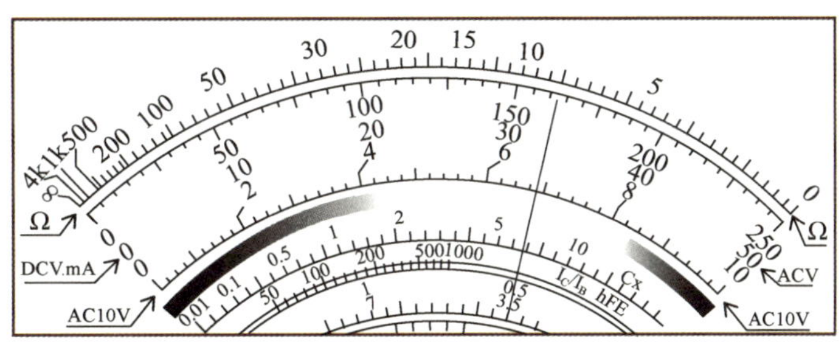

图 1-1-4　电阻测量结果

项目二　电容器的识别与检测

技能教学内容

（1）常见电容器的认识。

（2）电容器的电路符号和实物的识别方法。

（3）电容器的测量方法和质量判断方法。

技能教学目标

（1）能正确识别各种不同类型的电阻器和使用材料。

（2）能正确识读、绘制电容器的电路符号。

（3）能根据电容器容量的表示方法正确识读电容器容量。

（4）能使用万用表测量电容器，判断电容器的质量。

技能评价标准

评价内容 1：识别电容器。

评价标准：能够在多种电子元器件（一套电子电路元器件）中正确识别电容器。

评价内容 2：识读电子电路中电容器的电路符号，绘制电容器的电路符号，并判别电解电容器的极性。

评价标准：能够正确识读和绘制电容器电路符号。

电容器的文字符号为 C。常见电容器的电路符号如表 1-2-1 所示。

表 1-2-1　常见电容器的电路符号

名称	电路符号
电容器	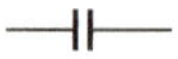
可变电容器	
双联可变电容器	
有极性电容器	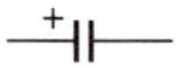 +
微调电容器	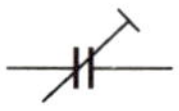

电解电容器极性的判别方法如下：

电解电容器绝大部分是有极性的。在外壳上，一般用“-”表示负极，如果无“-”标志，那么金属外壳就是负极，金属壳绝缘引脚就是正极。对于未经使用的电容器，还可根据引脚的长短来判断极性，一般长脚为正极，短脚为负极。

评价内容 3：识别电容器使用的材料。

评价标准：能够根据实物或图片识别电容器使用的材料。

部分电容器的实物图如表 1-2-2 所示。

表 1-2-2　部分电容器的实物图

名称	实物图	名称	实物图
瓷介电容器		聚脂电容器	
金属电容器		电解电容器	
涤纶电容器		聚丙烯电容器	
钽电容器		独石电容器	
微调电容器		双联可变电容器	

评价内容 4：识别电容器容量。

评价标准：能够根据实物或图片上的标示，正确识别电容器容量。

电容器的单位有 F（法）、mF（毫法）、μF（微法）、nF（纳法）、pF（皮法），其中常用单位是 mF、nF、pF，其换算关系为

$$1\text{F}=10^{3}\text{mF}=10^{6}\mu\text{F}=10^{9}\text{nF}=10^{12}\text{pF}$$

（1）直标法：有些电容器由于体积小，标注时省略了单位，不带小数点的数，不标单位时其单位为 pF；带小数点的数，不标单位时其单位为 μF，具体如图 1-2-1 所示。

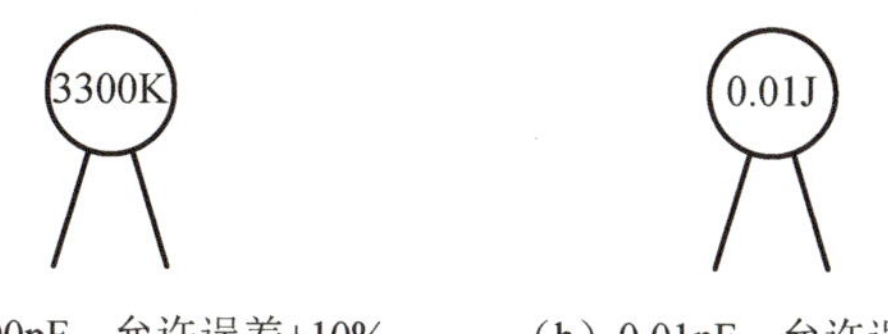

（a）3300pF，允许误差±10%　（b）0.01pF，允许误差±5%

图 1-2-1　直标法示意图

（2）文字符号法：整数写在单位前面，小数写在单位后面，允许误差用字母表示，具体如图 1-2-2 所示。

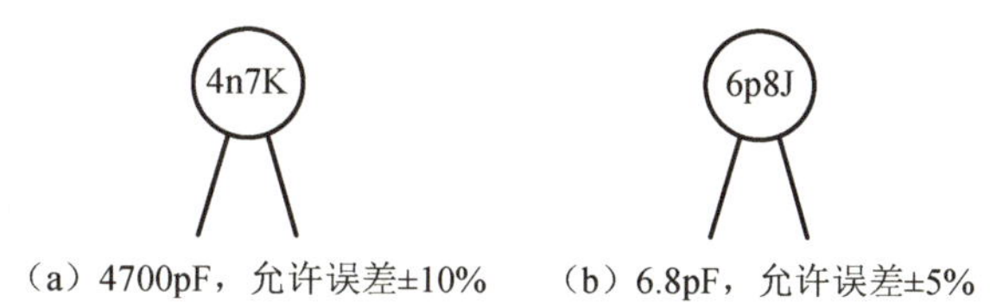

（a）4700pF，允许误差±10%　（b）6.8pF，允许误差±5%

图 1-2-2　文字符号法示意图

（3）数码表示法：用三位数码表示，第一、二位是有效数值，第一位是十位上的数值，第二是个位上的数值，第三位是乘以 10^n。其单位是 pF，超过万位的要转化为 μF。其示意图如图 1-2-3 所示。

（a）0.01μF，允许误差±5%　（b）0.33μF，允许误差±10%　（c）8200μF，允许误差±5%

图 1-2-3　数码表示法示意图

评价内容 5：使用万用表测量电容器并判断其质量。

评价标准：

（1）能够根据电容器的标称容量选择合适的量程挡。

选择量程的原则：电容器容量越大，选择的量程挡应越小；电容器容量在 1μF 以下时，一般选择 $R\times10\text{k}$ 挡。固定电容器测量选择量程的原则如表 1-2-3 所示。

表 1-2-3　固定电容器测量选择量程的原则

电容容量	欧姆量程挡
1μF 以下	$R\times10$k 挡
1 ～ 47μF	$R\times1$k 挡
47 ～ 470μF	$R\times100$ 挡或 $R\times1$k 挡
1000μF 以上	先用 $R\times10$ 或 $R\times1$ 挡，再用 $R\times1$k 挡

（2）电容器绝缘电阻的测量。

有极性电容器绝缘电阻的测量：万用表黑表笔接电容器的正极，红表笔接电容器的负极，表针先向 R 为 0 的方向摆动，然后向 R 为∞的方向退回，表针最后停下来所指的阻值就是电容器的正向绝缘电阻。

无极性电容器绝缘电阻的测量：测量时表笔不用分极性，具体方法与有极性电容器绝缘电阻的测量方法相同。

（3）电容器质量的判断。

电容器的常见故障有开路、短路、漏电、失效。

① 正常：表针向 R 为 0 的方向摆动并反方向退回，最后静止在 R 为∞处，说明绝缘电阻接近于∞。绝缘电阻越接近∞，电容器的质量越好。

无极性电容器（1μF 以下）的绝缘电阻一般接近∞，电解电容器的绝缘电阻一般为几兆。电解电容器的容量越小，绝缘电阻越大；电解电容器的容量越大，绝缘电阻越小。

② 开路：

a．对于 0.047μF 以上的电容器，应看表针是否有轻微摆动，并返回 R 为∞处，若指针不摆动，说明其开路。

b．测量 5100pF ～ 0.047μF 的电容器时，应看表针是否有很轻微摆动，并返回 R 为∞处，若指针不摆动，说明该电容器开路。

c．对于 5100pF 以下的电容器，由于容量太小，充电时间极短，观察不到表针是否摆动，不能误作开路。

③ 短路：表针向 R 为 0 的方向摆动，并停留在 R 为 0 处，不向后退回，此时说明该电容器短路。

④ 漏电：表针向 R 为 0 的方向摆动并向后退回，但不能返回 R 为∞处，且绝缘电阻小，说明该电容漏电。

⑤ 失效：容量严重不足时，用相同的量程挡位测量，表针向右摆动幅度偏小。

项目三　电感器的识别与检测

技能教学内容

（1）常见电感器的认识。

（2）电感器的电路符号和识别方法。

（3）电感器的测量方法和质量判断方法。

技能教学目标

（1）能正确识别各种不同类型的电感器。

（2）能正确识读、绘制电感器的电路符号。

（3）能根据色标法正确识别电感器的电感量。

（4）能使用万用表测量电感器，判断电感器的质量。

技能评价标准

评价内容 1：识别电感器。

评价标准：能够在多种电子元器件（一套电子电路元器件）中正确识别电感器。

评价内容 2：识读电子电路中电感器的电路符号，并绘制电感器的电路符号。

评价标准：能够正确识读和绘制电感器的电路符号。

电感器的文字符号为 L。常见电感器的电路符号如图 1-3-1 所示。变压器的电路符号如图 1-3-2 所示。二者的实物图如图 1-3-3 所示。

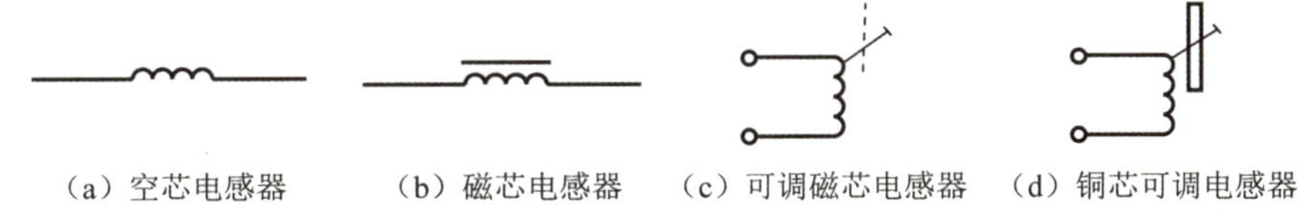

图 1-3-1　电感器的电路符号

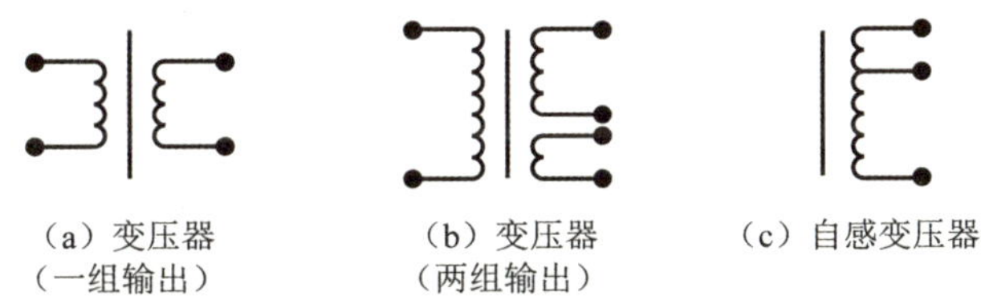

图 1-3-2　变压器的电路符号

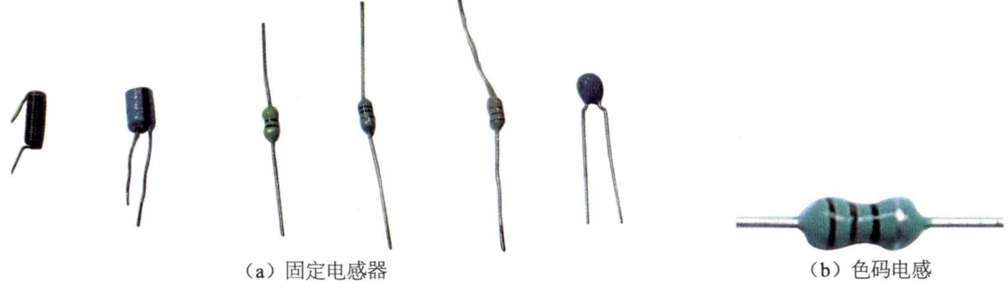

图 1-3-3　电感器与变压器实物图

（c）微调电感器

（d）中频变压器

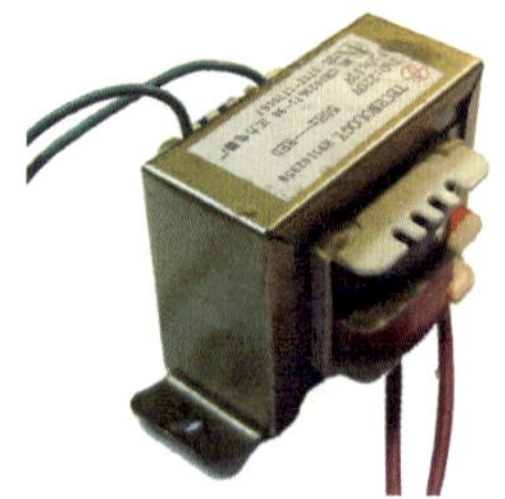
（e）电源变压器

图 1-3-3　电感器与变压器实物图（续）

评价内容 3：识别电感器电感量。

评价标准：能够根据实物或图片，正确识别电感器电感量。

电感量单位有 H（亨利）、mH（毫亨）、μH（微亨），其换算关系为

$$1\mathrm{H}=10^3\mathrm{mH}=10^6\mu\mathrm{H}$$

色标法：在电感线圈的外壳上，使用色环或色点表示其参数的方法。采用这种方法表示主要参数的小型固定电感器称为色码电感器。

色码电感器的第一个色环表示第一位有效数字，第二个色环表示第二位有效数字，第三个色环表示倍乘，第四个色环表示允许误差。各款色环的表示数字与色环电阻器相同，单位为 μH。

例：某电感器的色环依次为蓝、灰、红、银，则电感量为 6800mH，允许误差为 ±10%。

评价内容 4：使用万用表测量电感器，判断电感器的质量。

评价标准：能够按规范使用万用表测量电感器，并准确判断电感器的质量。

万用表测量电感器的方法如下。

（1）电感器线圈直流电阻的检测方法。

用万用表的电阻挡（常用 $R\times1$ 挡）测量各线圈绕组的直流电阻，并与已知的正常电阻值进行比较。如果测量时表针不动，或测得的阻值比正常值大很多，则可能断路；如果测得的值比正常值小得多或阻值为零，则严重短路。线圈的局部短路需要用专用仪器才能检测出来。

（2）电源变压器绝缘电阻的检测方法。

电源变压器主要测量线圈各绕组之间、线圈与铁芯之间及线圈与屏蔽罩之间的绝缘电阻，专业测量需使用兆欧表及其他专用设备，日常可使用万用表的 $R\times10\mathrm{k}$ 挡进行测量。其主要测量项目如下。

① 线圈各绕组之间的绝缘电阻：没有连接的两组线圈绕组之间的阻值应为∞。

② 线圈与铁芯之间的绝缘电阻：初、次级线圈与铁芯之间的阻值都应为∞。

③ 线圈与屏蔽罩（如中周金属外壳）之间的绝缘电阻：初、次级线圈与屏蔽罩之间的阻值都应为∞。

项目四　二极管的识别与检测

技能教学内容

（1）常见二极管的认识。

（2）二极管的电路符号。

（3）二极管的测量方法和质量判断技能。

技能教学目标

（1）能正确识别各种不同类型的二极管。

（2）能正确识读、绘制二极管的电路符号。

（3）能使用万用表测量二极管，判断二极管的极性和质量。

技能评价标准

评价内容 1：识别二极管。

评价标准：能够在多种电子元器件（一套电子电路元器件）中正确识别二极管。

评价内容 2：识读电子电路中二极管的电路符号，并绘制二极管的电路符号。

评价标准：能够正确识读和绘制二极管的电路符号。

二极管的文字符号为 VD，其种类与电路符号如表 1-4-1 所示。

表 1-4-1　二极管的种类与电路符号

名称	电路符号	实物
整流、检波开关二极管		
稳压二极管		
发光二极管		
光电二极管		
变容二极管		
桥堆		

评价内容 3：使用万用表测量二极管并判断其极性和质量。

评价标准：能够正确判断二极管的极性和质量。

1. 极性判别

外观：通常二极管的外壳上有极性标注环，有标注的引脚为负极，如图 1-4-1 所示。

图 1-4-1　二极管外壳极性标注环

万用表检测：用万用表 $R\times1\text{k}$ 挡（或 $R\times100$ 挡），测量二极管的任意两个引脚，测得阻值较小时（几千欧），黑表笔所接的为正极，红表笔所接的是负极。

2. 质量判别

正常：用万用表 $R\times1\text{k}$ 挡（或 $R\times100$ 挡），黑表笔接二极管的正极，红表笔接二极管的负极。硅管的正向电阻为 1 ～ 3kΩ，锗管的正向电阻为 100 ～ 500Ω（**注意：具体数值会因所用万用表型号的不同而有所差异**）。

用万用表 $R\times1\text{k}$ 挡（或 $R\times100$ 挡），红表笔接二极管的正极，黑表笔接二极管的负极。锗管的反向电阻为 500kΩ 以上，硅管的反向电阻接近∞。

击穿：正向电阻和反向电阻均接近或等于零。

开路：正向电阻和反向电阻均为∞。

项目五　晶体管的识别与检测

技能教学内容

（1）晶体管的认识。

（2）晶体管的电路符号。

（3）晶体管的测量方法和质量判断技能。

技能教学目标

（1）能正确识别常见晶体管的种类。

（2）能正确识读、绘制晶体管的电路符号。

（3）能使用万用表测量晶体管，判断晶体管的类型、极性和质量。

技能评价标准

评价内容 1：识别晶体管。

评价标准：能够在多种电子元器件（一套电子电路元器件）中正确识别晶体管。

常用晶体管的外形如图 1-5-1 所示。

图 1-5-1　常用晶体管的外形

评价内容 2：识读电子电路中晶体管的电路符号，并绘制晶体管的电路符号。

评价标准：能够正确识读和绘制晶体管电路符号。

晶体管的文字符号为 VT，其电路符号 NPN 型为，PNP 型为。晶体管的结构和电路符号如图 1-5-2 所示。

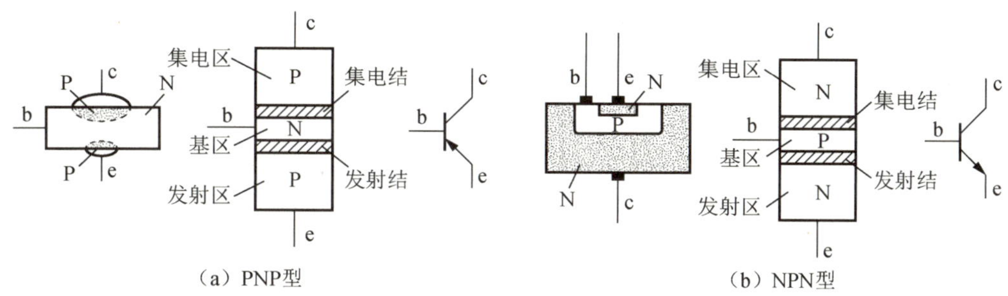

（a）PNP型　（b）NPN型

图 1-5-2　晶体管的结构和电路符号

电路符号中的箭头表示电流的方向，引出的电极分别称为发射极 e、基极 b 和集电极 c。

评价内容 3：使用万用表测量晶体管，并判断晶体管的类型、极性和质量。

评价标准：能够使用万用表正确测量晶体管，根据测量结果判断其质量。

1. 极性判别

1）材料、管型和基极的判别

用万用表 $R\times1$k（或 $R\times100$）挡，红表笔固定接晶体管的一个引脚（常先接中间引脚），黑表笔分别接其余两个引脚，若测得的两个电阻值都较小（500Ω ～ 5kΩ），则将红黑表笔对调；若测得两个电阻值都较大（500kΩ 以上或接近∞），则此管是 PNP 管，红表笔接的引脚是基极。当两个小阻值为 500Ω 左右时，此晶体管是锗材料 PNP 管；当两个小阻值为 5kΩ 左右时，此晶体管是硅材料 PNP 管。

若黑表笔固定接晶体管的一个引脚，红表笔分别接其余两个引脚，测得两个电阻值都较小（500Ω ～ 5kΩ），将红黑表笔对调，测得两个电阻值都较大（500kΩ 以上或接近∞），则此晶体管是 NPN 管，黑表笔接的引脚是基极。**注意：**所用万用表的型号不同时，同一只晶体管的阻值会略有区别。

2）集电极和发射极的判别

除了基极以外的两个引脚，假设其中一个是集电极，另一个是发射极。对于 PNP 管，将红表笔接假设的集电极，黑表笔接假设的发射极，用手指在集电极与基极之间加入人体电阻，观察表针摆动幅度。对调红、黑表笔位置再测一次，比较两次表针摆动的幅度，摆动幅度大的一次说明假设正确，红表笔接的是集电极，黑表笔接的是发射极。

对于 NPN 管，集电极和发射极的判别方法原理上与 PNP 管相同，测试时只需将红、黑表笔对调，用同样的方法，摆动幅度大的一次说明假设正确，黑表笔接的是集电极，红表笔接的是发射极。

2. 晶体管的质量检测

晶体管是由两个 PN 结组成的，用测量 PN 结正反向电阻的方法，即可完成对晶体管正反向电阻的测量。一般要求晶体管的正向电阻越小越好，若正向电阻过大，会导致放大能力下降；若正向电阻无穷大，说明发射结或集电结开路。

晶体管两个 PN 结的反向电阻，一般在几百千欧以上，反向电阻越大越好。若反向电阻较小，反向电流较大，晶体管的热稳定性较差；若反向电阻很小，甚至为零，说明发射结或集电结已击穿。

测 NPN 管时，黑表笔接集电极，红表笔接发射极（测 PNP 型小功率硅管时，红表笔接集电极，黑表笔接发射极），测出的阻值在 1000kΩ 以上。阻值越大，穿透电流越小，热稳定性越好。若测出的阻值较小，穿透电流较大，则晶体管质量较差。如果测出的阻值太小或接近零，则晶体管可能已击穿损坏。

项目六　集成电路的识别与检测

技能教学内容

（1）集成电路的认识。

（2）集成电路的引脚识别。

技能教学目标

（1）能正确识别常见集成电路。

（2）能正确识读集成电路的引脚。

技能评价标准

评价内容 1：识别集成电路。

评价标准：能够在多种电子元器件（一套电子电路元器件）中正确识别集成电路。

常见的集成电路如图 1-6-1 所示。

评价内容 2：识别集成电路的引脚。

评价标准：能够正确识别集成电路的引脚。

集成电路引脚的排列有一定规律，如图 1-6-2 所示。

图 1-6-1　常见的集成电路

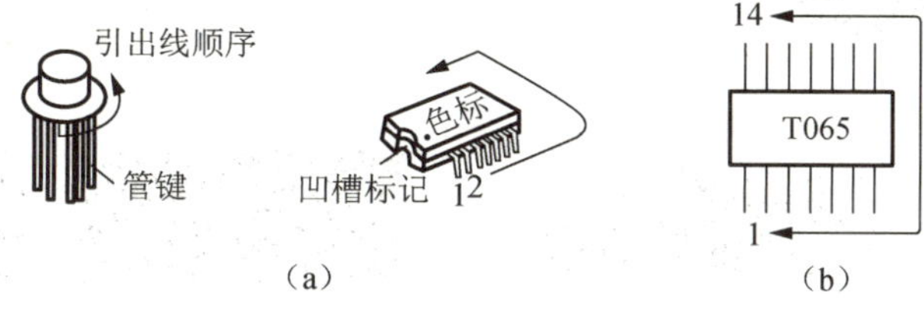

（a）　（b）

图 1-6-2　集成电路引脚的识别

扁平封装型或双列直插型集成电路的引脚从参考标志（色点或凹槽）开始，按逆时针方向顺序排列；金属圆壳封装型集成电路的引脚，从凸键开始，也按逆时针方向排列；对于无色点、凸键等参考标志的集成电路的引脚，应把印有型号标志的一面朝上并正向面对人放置，此时，左下引脚为第一引脚，按逆时针方向依次为 2、3、4、…、n。

项目七　表面安装元器件的识别与检测

技能教学内容

表面安装元器件的认识。

技能教学目标

（1）能正确识别常见表面安装元器件的外形。

（2）能正确识别常见表面安装元器件的种类。

技能评价标准

评价内容 1：识别表面安装元器件。

评价标准：能够在多种电子元器件（一套电子电路元器件）中，正确识别表面安装元器件。

常见表面安装元器件如图 1-7-1 所示。

评价内容 2：识别常见表面安装元器件的种类。

评价标准：能够正确识别常见表面安装元器件的种类。

常见表面安装元器件的分类如表 1-7-1 所示。

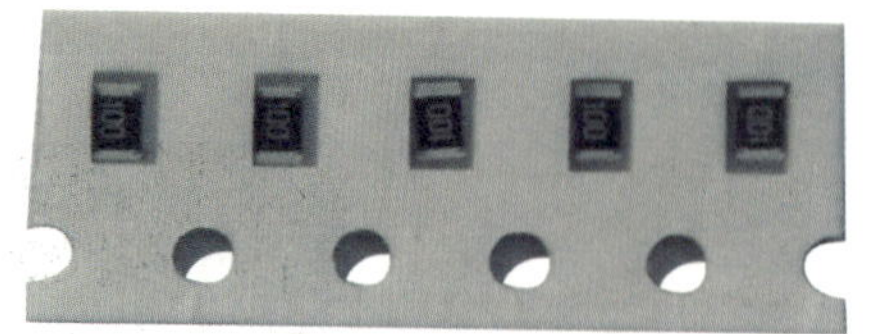

（a）贴片电阻器

（b）贴片电容器

（c）贴片二极管

（d）贴片发光二极管

（e）贴片晶体管

（f）贴片集成电路

图 1-7-1　常见表面安装元器件

表 1-7-1　常见表面安装元器件的分类

种类		矩形	圆柱形
贴片无源元器件	贴片电阻器	厚膜 / 薄膜电阻器	碳膜 / 金属膜电阻器
	贴片电容器	陶瓷独石电容器、薄膜电容器、微调电容器、铝电解电容器、钽电解电容器	陶瓷电容器、固体钽电解电容器
	贴片电位器	电位器、微调电位器	
	贴片电感器	绕线电感器、叠层电感器、可变电感器	绕线电感器
贴片有源元器件	小型封装二极管	塑封稳压二极管、整流二极管、开关二极管	玻封稳压二极管、整流二极管、开关二极管、变容二极管
	小型封装晶体管	塑封 PNP、NPN 晶体管	
	小型集成电路	扁平封装、芯片载体	

项目八　开关的识别与检测

技能教学内容

（1）开关元件的认识。

（2）开关电路符号。

（3）开关的测量方法和质量判断方法。

技能教学目标

（1）能认识常见开关的电路符号。

（2）能正确识别常见开关的外形、种类。

（3）能使用万用表测量开关并判断其质量。

技能评价标准

评价内容 1：识别开关元件。

评价标准：能够在多种电子元件（一套电子电路散件）中正确识别开关元件。

常见开关的外形如图 1-8-1 所示。

KM-2129
（a）拨动式开关

XW-601B1
（b）电源开关

KM-1602
（c）钮子开关

KFC-A06-01
（d）轻触开关

KW12-3Z
（e）微动开关

图 1-8-1　常见开关的外形

评价内容 2：识读电子电路中开关的电路符号，并绘制开关的电路符号。

评价标准：能够正确识读和绘制开关的电路符号。

几种开关的电路符号如表 1-8-1 所示。

表 1-8-1　几种开关的电路符号

电路符号	说明
S	一般开关的电路符号
S	单刀多掷开关（图中的开关是三掷的）的电路符号。三掷是指它有一个刀片和三个定片
S	按钮开关（不闭锁）的电路符号
S_{1-1}　S_{1-2}	双刀三掷开关的电路符号。电路符号中用两组相同的符号表示了两组开关，通过虚线表示两组开关之间的联动，即两个刀片同步转换

评价内容 3：使用万用表测量开关并判断其质量。

评价标准：能够使用万用表正确测量开关，根据测量结果判断其质量。

检测方法如下。

1）机械性能

在拨动、转动、按动时，活动自如、手感良好的开关质量较好。

2）接触电阻

用万用表 $R\times1$ 挡，测量开关各触点在闭合时的电阻，其阻值应在 0.5Ω 以下，如大于此值，表明触点之间存在接触不良故障。

3）绝缘电阻

用万用表 $R\times10$k 挡，测量开关断开时的电阻，其阻值应为 100MΩ 以上；测量各独立触点间的电阻和各触点与外壳之间的电阻，其阻值应为∞。若测出一定的阻值，则表明有漏电现象。

项目九　接插件的识别与检测

技能教学内容

（1）接插件的认识。

（2）接插件的电路符号。

（3）接插件的测量方法和质量判断方法。

技能教学目标

（1）能认识常见接插件的电路符号。

（2）能正确识别常见接插件的外形、种类。

（3）能使用万用表测量接插件并判断其质量。

技能评价标准

评价内容 1：识别接插件。

评价标准：能够在多种电子元器件（一套电子电路元器件）中正确识别接插件。

常见接插件的外形如图 1-9-1 所示。

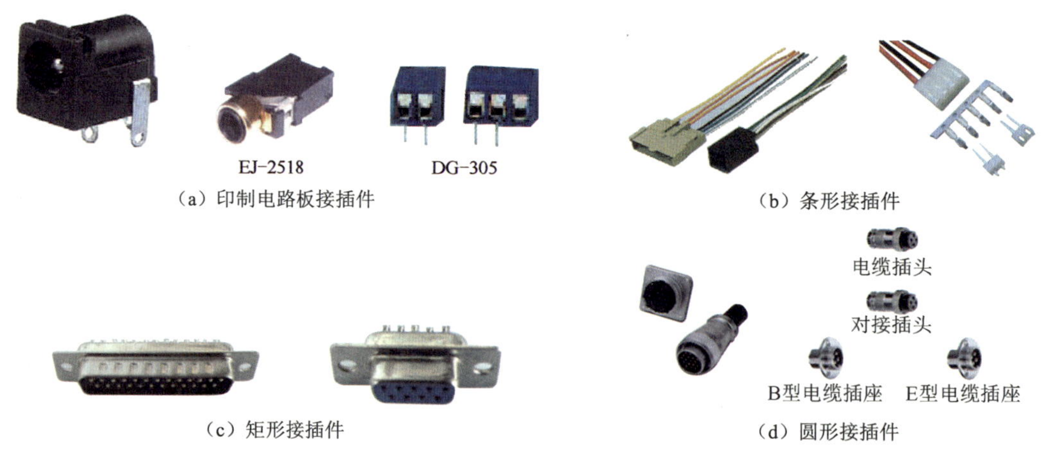

（a）印制电路板接插件　（b）条形接插件

（c）矩形接插件　（d）圆形接插件

图 1-9-1　常见接插件的外形

评价内容 2：识读电子电路中接插件的电路符号，并绘制接插件的电路符号。

评价标准：能够正确识读和绘制接插件的电路符号。

例：电路中常见接插件的文字符号为插头 XP、插座 XS。其电路符号如图 1-9-2 所示。

评价内容 3：使用万用表测量接插件并判断其质量。

评价标准：能够使用万用表测量接插件，根据测量结果判断接插件质量。

检测方法如下。

（1）直观检查：观察有无断线和引线相碰故障。对于插头，可以旋开外壳进行检查，检查是否有引线相碰故障等。

（2）万用表检查：通过万用表的欧姆挡检测接触对的断开电阻和接触电阻。接触对的断开电阻应为∞，若断开电阻值为零，说明有短路处，应检查是何处发生短路。接触对的接触电阻均应小于0.5Ω，若大于0.5Ω说明存在接触不良故障。

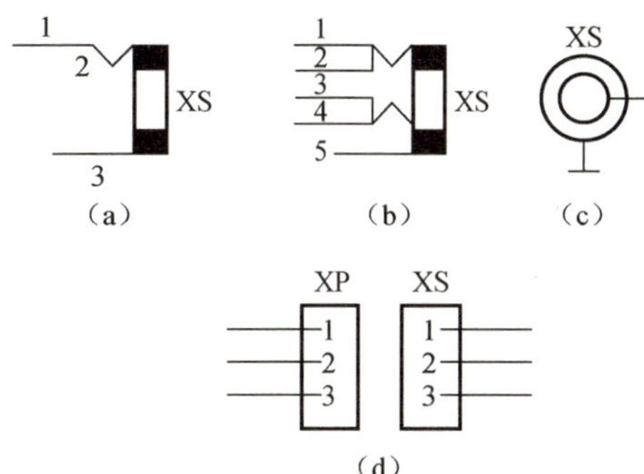

图1-9-2　电路中常见接插件的电路符号

项目十　扬声器的识别与检测

技能教学内容

（1）扬声器的认识。

（2）扬声器的电路符号。

（3）扬声器的测量方法和质量判断方法。

技能教学目标

（1）能识别扬声器的电路符号。

（2）能正确识别常见扬声器的外形、种类。

（3）能使用万用表测量扬声器并判断其质量。

技能评价标准

评价内容1：识别扬声器。

评价标准：能够在多种电子元器件（一套电子电路元器件）中正确识别扬声器。

常见扬声器如图1-10-1所示。

评价内容2：识读电子电路中扬声器的电路符号，并绘制扬声器的电路符号。

评价标准：能够正确识读和绘制扬声器的电路符号。

扬声器的文字符号为BL，电路符号为。

评价内容3：使用万用表测量扬声器，判断扬声器质量。

评价标准：能够正确测量扬声器并判断其质量。

检测方法如下。

1）用万用表检测扬声器

用万用表 $R\times1$ 挡，将两表笔断续触碰扬声器两接线端，应可听到“咔咔”声，声音清晰较响亮，说明质量较好；声音干涩沙哑，说明质量不好。

将两表笔紧接在扬声器两接线端，测量扬声器的直流电阻，通常实测值约为其标称阻抗的 80% ～ 90%，如一个标称阻抗为 8Ω 的扬声器，实测直流电阻为 6.4 ～ 7.2Ω。

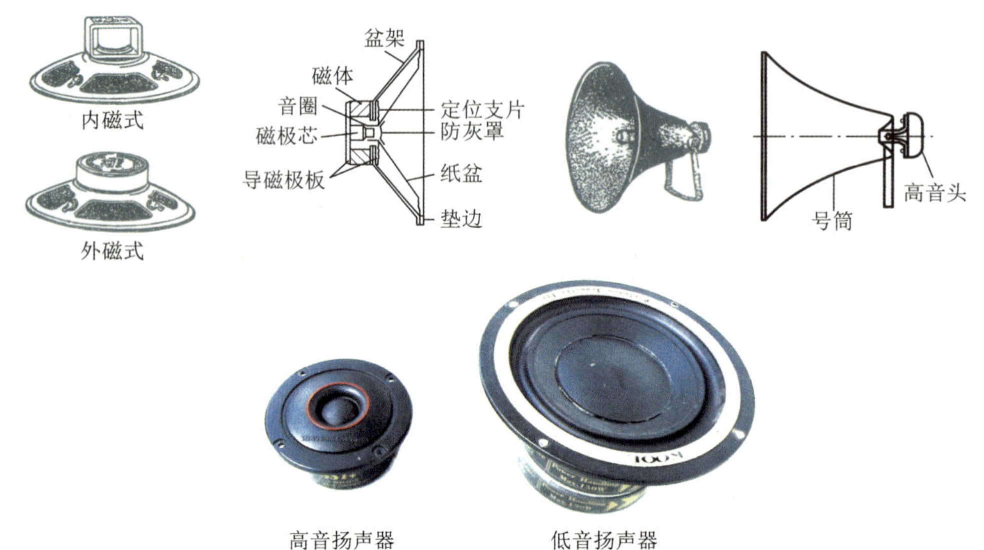

图 1-10-1　常见扬声器

2）扬声器的声音试听

扬声器的性能要得到充分发挥，需要与音箱的整体设计配合，试听只能粗略了解扬声器的音色。

项目十一　传声器的识别与检测

技能教学内容

（1）传声器的认识。

（2）传声器的电路符号。

（3）传声器的测量方法和质量判断方法。

技能教学目标

（1）能认识传声器的电路符号。

（2）能正确识别常见传声器的外形、种类。

（3）能使用万用表测量传声器并判断其质量。

技能评价标准

评价内容 1：识别传声器。

评价标准：能够在多种电子元器件（一套电子电路散件）中正确识别传声器。

常见传声器如图 1-11-1 所示。

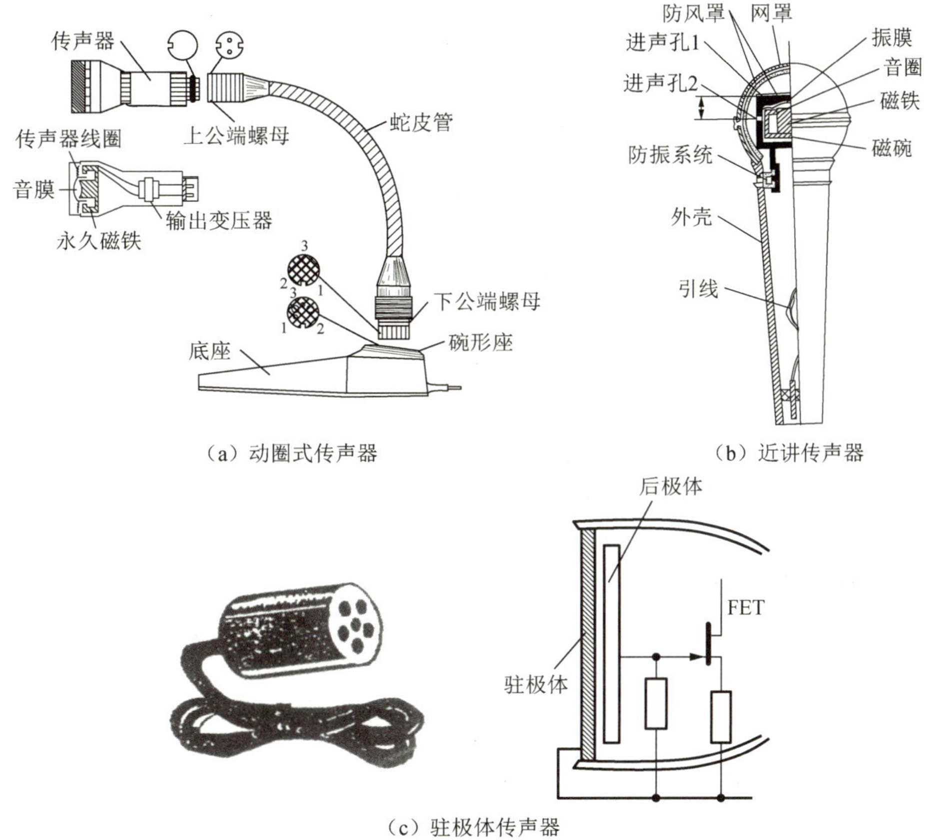

图 1-11-1　常见传声器

评价内容 2：识读电子电路中传声器的电路符号，并绘制传声器的电路符号。

评价标准：能够正确识读和绘制传声器的电路符号。

传声器的文字符号为 B 或 BM，电路符号为。

评价内容 3：使用万用表测量传声器，判断传声器质量。

评价标准：能够正确测量传声器，并判断其质量。

检测方法如下。

1）动圈式传声器和近讲传声器

用万用表的 $R\times10$ 挡测量传声器的直流电阻。低阻传声器的直流电阻应为 50 ～ 700Ω，高阻传声器的直流电阻应为 500 ～ 1500Ω。如果电阻为∞，则说明传声器已损坏。

2）驻极体传声器

用万用表的 $R\times1\text{k}$ 挡，黑表笔接传声器漏极（D），红表笔接传声器的源极（S，即接地端），用嘴轻吹传声器，正常情况下万用表的表针应有轻微摆动，如完全不动，则说明传声器损坏。驻极体传声器的检测方法如图 1-11-2 所示。

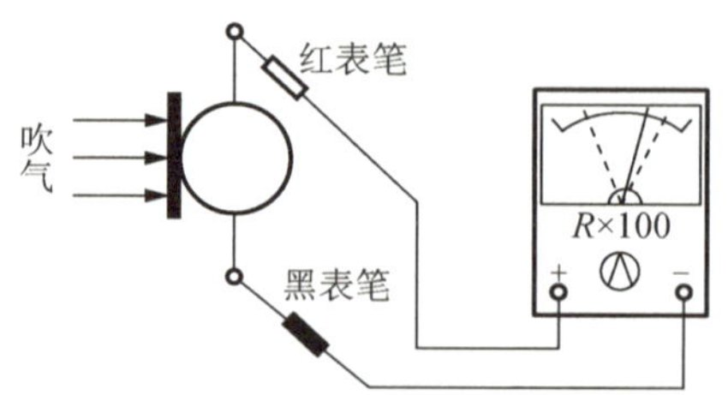

图 1-11-2　驻极体传声器的检测方法

项目十二　继电器的识别与检测

技能教学内容

（1）继电器的认识。

（2）继电器的电路符号。

（3）继电器的测量方法和质量判断方法。

技能教学目标

（1）能认识继电器的电路符号。

（2）能正确识别常见继电器的外形、种类。

（3）能使用万用表测量继电器并判断其质量。

技能评价标准

评价内容 1：识别继电器。

评价标准：能够在多种电子元器件（一套电子电路元器件）中正确识别出继电器。

常见继电器如图 1-12-1 所示。

图 1-12-1　常见继电器

评价内容 2：识读电子电路中继电器的电路符号，并绘制继电器的电路符号。

评价标准：能够正确识读和绘制继电器的电路符号。

继电器的文字符号为 K 或 KR，其电路符号如表 1-12-1 所示。

表 1-12-1　继电器的电路符号

继电器线圈符号	继电器触点符号	
KR		动合触点（常开触点），称 H 型
		动断触点（常闭触点），称 D 型
		切换触点（转换触点），称 Z 型

评价内容 3：使用万用表测量继电器，判断继电器质量。

评价标准：能够正确测量继电器并判断其质量。

检测方法如下。

1）检测线圈的直流电阻

继电器的型号不同，其线圈的直流电阻也不同，通过检测线圈的直流电阻，可判断继电器是否正常。其方法是用万用表的欧姆挡，量程可据继电器的标称值或通过线圈的额定电压估测确定，额定电压越高，阻值越大，一般选择 $R\times100$ 挡或 $R\times1\text{k}$ 挡。将两表笔分别接线圈的两引脚，如测得的阻值与标称值基本相同，表明线圈良好；如电阻值为∞，表明线圈开路。如果线圈有局部短路，用此方法不易发现。

2）检测继电器触点接触电阻

用万用表的 $R\times1$ 挡，表笔分别接常闭触点的两引脚，阻值应为 0Ω，再将表笔接常开触点的两引脚，其阻值应为∞。给继电器通电，使衔铁动作，将常闭触点断开、常开触点闭合，再用上述方法进行检测，其阻值正好与初次测量相反，表明触点良好。如果触点在闭合时，测出有阻值，或该触点在打开时阻值不为∞，都说明触点有问题。

项目十三　石英晶体振荡器的识别与检测

技能教学内容

（1）石英晶体振荡器的认识。

（2）石英晶体振荡器的电路符号。

（3）石英晶体振荡器的测量方法和质量判断方法。

技能教学目标

（1）能认识石英晶体振荡器的电路符号。

（2）能正确识别常见石英晶体振荡器的外形、种类。

（3）能使用万用表测量石英晶体振荡器并判断其质量。

技能评价标准

评价内容 1：识别石英晶体振荡器。

评价标准：能够在多种电子元件（一套电子电路散件）中正确识别石英晶体振荡器。

常见石英晶体振荡器如图 1-13-1 所示。

图 1-13-1　常见石英晶体振荡器

评价内容 2：识读电子电路中石英晶体振荡器的电路符号，并绘制石英晶体振荡器的电路符号。

评价标准：能够正确识读和绘制石英晶体振荡器的电路符号。

石英晶体振荡器的文字符号为 B 或 BC，电路符号为—|▯|—。

评价内容 3：使用万用表测量石英晶体振荡器，并判断石英晶体振荡器的质量。

评价标准：能够正确测量石英晶体振荡器，并判断其质量。

检测方法如下。

用万用表 $R\times10$k 挡，测量石英晶体振荡器的两引脚间电阻（无须分方向），阻值为∞，则正常，说明石英晶体振荡器基本上是好的；若指针有一定偏转，则说明石英晶体振荡器已坏。但上述方法无法判断开路情况，在维修电路时可使用“更换法”判断。

项目十四　七段 LED 数码管的识别与检测

技能教学内容

（1）七段 LED 数码管的认识。

（2）七段 LED 数码管的分类和电路接法。

（3）七段 LED 数码管的测量方法和质量判断方法。

技能教学目标

（1）能认识七段 LED 数码管的外形。

（2）能正确识别常见七段 LED 数码管的类别，正确连接电路。

（3）能使用万用表测量七段 LED 数码管并判断其质量。

技能评价标准

评价内容 1：识别七段 LED 数码管。

评价标准：能够在多种电子元件（一套电子电路散件）中正确识别出七段 LED 数码管。

常见七段 LED 数码管如图 1-14-1 所示。

评价内容 2：识读电子电路中七段 LED 数码管的分类，并正确连接电路。

评价标准：能够正确识别常见七段 LED 数码管的种类，正确连接电路。

图 1-14-1　常见七段 LED 数码管

七段 LED 数码管分共阳极和共阴极两种，内部结构如图 1-14-2 所示。共阳极结构将八只发光二极管的阳极（正极）连接起来作为公共阳极，共阴极结构将八只发光二极管的阴极（负极）连接起来作为公共阴极，“+”“-”分别表示公共阳极和公共阴极。其中，a ～ g 是七个笔画电极，DP 为小数点；3 脚与 8 脚内部连通，表示公共阳极或公共阴极。

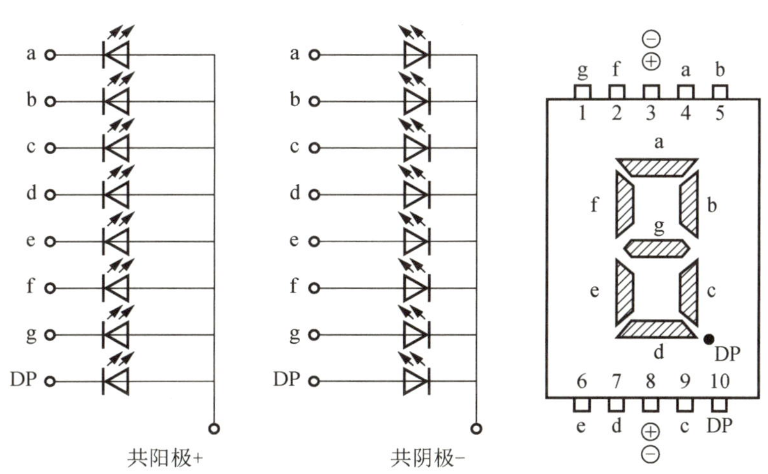

图 1-14-2　七段 LED 数码管的内部结构

评价内容 3：使用万用表测量七段 LED 数码管并判断其质量。

评价标准：能够正确测量七段 LED 数码管，并判断其质量。

检测方法如下。

使用万用表的 $R\times10k$ 挡可直接检测 LED 数码管的发光情况（其发光亮度较暗）。以共阴极数码管为例介绍其检测方法，将万用表置于 $R\times10k$ 挡，红表笔接 3 脚或 8 脚，用黑表笔依次接触其他引脚，黑表笔接触哪个引脚，对应的笔画就会发光，同时万用表指针应大幅度摆动。当黑表笔接触引脚时，它对应的笔画不发光，万用表指针也不摆动，说明该笔画对应的发光二极管电路已经损坏。

当检测共阳极 LED 数码管时，只需将表笔对调，方法与共阴极数码管的检测方法一致。

模块二　电子装配工具的使用

技能教学内容

基础知识

（1）电烙铁的类型、结构、功率、额定电压、性能检测方法和使用方法。

（2）斜嘴钳的作用和使用方法。

（3）镊子的作用、选择和使用方法。

（4）螺丝刀的种类、功能、选择和使用方法。

（5）吸锡器的作用和使用方法。

基本技能

（1）识别常用电烙铁的种类、结构、功率、额定电压，用万用表检测电烙铁的性能，会查找电烙铁存在的安全隐患，能正确使用电烙铁。

（2）能够识别并正确使用斜嘴钳。

（3）能正确选择镊子、说出镊子的用途、正确使用镊子。

（4）能分辨螺丝刀的种类、功能，并能正确使用螺丝刀。

（5）能说明吸锡器的作用，并能正确使用吸锡器。

项目一　电烙铁的使用

技能教学内容

（1）常用电烙铁的类型、结构、功率、使用电压的认识。

（2）电烙铁性能的检测。

（3）电烙铁的使用方法。

技能教学目标

（1）认识常用电烙铁的种类、结构、功率、额定电压。

（2）会用万用表检测电烙铁的性能，会查找电烙铁存在的安全隐患。

（3）能正确使用电烙铁。

技能评价标准

评价内容1：识别电烙铁的种类、结构、功率、额定电压。

评价标准：

（1）能够正确分辨所使用电烙铁的种类（常用的电烙铁分为外热式、内热式和恒温式等），能正确描述其功率、额定电压。

（2）能够说出电烙铁的结构。

电烙铁主要由烙铁头、烙铁芯、手柄、电源引线等部分组成。

评价内容 2：检测电烙铁的性能。

评价标准：能够正确检测电烙铁的性能。

检测方法如下。

（1）加热器：用万用表两表笔分别接电烙铁电源插头两端，若加热器正常应可测量出发热丝的电阻（具体阻值视功率不同而不同，以常用的 25W 电烙铁为例，用万用表测量电烙铁电源插头两端的电阻值约为 2kΩ）。

（2）绝缘性：用 $R\times10\text{k}$ 挡测量 220V 插头两端与烙铁头电阻，若正常，应为∞；如测出电阻不是∞，则存在漏电现象，有触电危险，不能使用。

（3）电源线：使用前必须检查电源线有无损伤，如有损伤，则更换后方能使用，否则有触电危险。

（4）电烙铁的电路故障：常见的有短路和断路两种。

① 短路：用万用表的欧姆挡测量电源连接线插头两端，电阻值为 0。

② 断路：用万用表的欧姆挡测量电源连接线插头两端，电阻值为∞。

评价内容 3：使用电烙铁。

评价标准：能够正确使用电烙铁。

电烙铁的使用注意事项如下。

（1）在第一次启用电烙铁时，应进行“上锡”处理，方法是电烙铁通电后，不断将烙铁头在电烙铁海绵上擦拭，去掉表面杂质、上锡，再将电烙铁头在海绵上擦拭，再次上锡，反复多次至烙铁头挂满焊锡。

（2）烙铁头表面有一层特殊合金，不允许用锉刀或砂纸修整，当有氧化物或粘有残渣时，用已浸水的专用海绵擦拭即可。

（3）电烙铁暂不使用时，应整齐有序地摆放在烙铁架上。电源线应远离烙铁头，且应避免烫伤人或其他物品。不要猛力敲打电烙铁，以免振断电烙铁内部电热丝或引线而产生故障。

评价内容 4：握持电烙铁。

评价标准：能够正确握持电烙铁。

电烙铁的握法如下。

根据电烙铁的形状、大小及被焊物件的具体情况，电烙铁一般有 3 种握法（图 2-1-1）。

（1）反握法适用于大功率电烙铁的操作，这种握法不易使人感到疲劳。

（2）正握法适用于弯头电烙铁的操作或大功率直头电烙铁的操作。

（3）笔式握法是在一般印制电路板焊接中最常用的握法，适用于 35W 以下的小功率电烙铁。

无论采用何种握法，都应做到轻拿轻放，注意不要烫坏电源线。

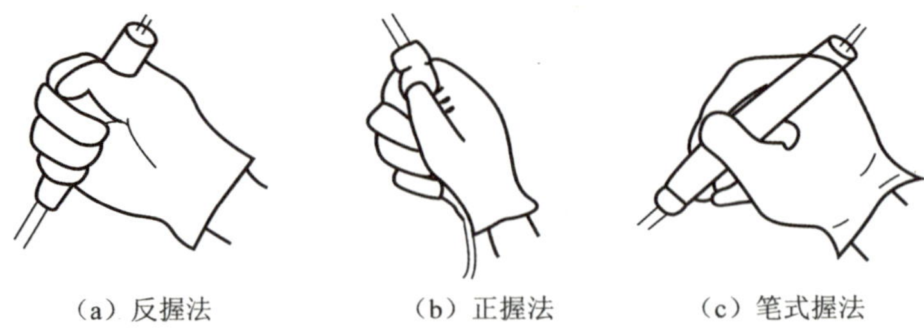

(a) 反握法　　(b) 正握法　　(c) 笔式握法

图 2-1-1　电烙铁的握法

项目二　斜嘴钳的使用

技能教学内容

(1) 斜嘴钳的外形、种类。

(2) 斜嘴钳的作用。

(3) 斜嘴钳的使用方法。

技能教学目标

(1) 能识别斜嘴钳。

(2) 能描述斜嘴钳的作用。

(3) 能正确使用斜嘴钳。

技能评价标准

评价内容 1：识别斜嘴钳。

评价标准：能够按要求在给出的几把钳子中挑选出斜嘴钳。

评价内容 2：描述斜嘴钳的作用。

评价标准：能够清晰、准确地说出斜嘴钳的作用。

斜嘴钳的作用如下。

(1) 用于剪断导线及印制电路板上元器件焊接后的引脚，一般带有绝缘柄，其耐受电压为 500V。

(2) 用于剪切绝缘套管、尼龙扎带等。

评价内容 3：使用斜嘴钳。

评价标准：能够正确、熟练地使用斜嘴钳。

斜嘴钳的使用方法：用右手大拇指和其他四个手指握住斜口钳的握柄，让斜嘴钳的刀口向前，用力剪断目标。

项目三　镊子的使用

技能教学内容

（1）镊子的选择。
（2）镊子的作用。
（3）镊子的使用方法。

技能教学目标

（1）能正确选用镊子。
（2）能说出镊子的用途。
（3）能正确使用镊子。

技能评价标准

评价内容 1：选择镊子。

评价标准：**选用的镊子，要求其大小、弹性要适中。镊子口应对齐、严实。镊子的常**用长度为 130 ～ 150mm。

评价内容 2：描述镊子的作用。

评价标准：能够清晰、准确地描述镊子的作用。

镊子的作用如下。

（1）**夹持**：用于夹持细小零件及导线，在焊接时固定元器件和导线，以便于焊接。

（2）整形：帮助加工元器件引脚，完成简单的成形工作。

（3）使用镊子进行协助焊接时，有助于电极的散热，可起到保护元器件的作用。

评价内容 3：使用镊子。

评价标准：能够使用镊子完成夹持和整形工作。

项目四　螺丝刀的使用

技能教学内容

（1）螺丝刀的种类。
（2）螺丝刀的功能。
（3）螺丝刀的选择。
（4）螺丝刀的使用方法。

技能教学目标

（1）能识别螺丝刀的种类。
（2）能正确描述螺丝刀的功能。

（3）能正确选择螺丝刀。

（4）能正确使用螺丝刀。

技能评价标准

评价内容 1：区分螺丝刀的种类。

评价标准：能够根据螺丝刀头部形状区分出一字螺丝刀和十字螺丝刀。

评价内容 2：描述螺丝刀的功能。

评价标准：能够清晰、准确地描述螺丝刀的功能。

螺丝刀的功能如下。

（1）用来紧固或拆卸带槽螺钉。

（2）用于调节微调电阻等。

评价内容 3：选择螺丝刀。

评价标准：应根据旋紧或松开的螺钉头部的槽宽和槽形选用适当的螺丝刀；不能用较小的螺丝刀去旋拧较大的螺钉，否则易折断；不宜选用太厚的螺丝刀，这是因为其不能完全嵌入槽内，易使刀口或螺栓槽口损坏。

评价内容 4：使用螺丝刀。

评价标准：能够正确、熟练地使用螺丝刀进行操作。

螺丝刀的使用注意事项如下。

（1）使用前应先擦净螺丝刀柄和口端的油污，以免工作时滑脱而发生意外，使用后也要擦拭干净。

（2）正确的方法是以右手握持螺丝刀，手心抵住柄端，螺丝刀头部应与螺钉尾槽紧密结合，用力均匀，防止打滑损坏螺钉槽口。

（3）不可将螺丝刀当撬棒或凿子使用。

（4）不要用螺丝刀旋紧或松开握在手中的工件上的螺钉，应将工件装夹在夹具内或放在工作桌上，以防伤人。

（5）用螺丝刀拆卸或紧固带电螺栓时，手不得触及螺丝刀的金属杆，以免发生触电事故。

（6）安装螺钉时不能拧太紧，拆卸时学会用力技巧。

项目五　吸锡器的使用

技能教学内容

（1）吸锡器的作用。

（2）吸锡器的使用方法。

技能教学目标

（1）能够正确描述吸锡器的作用。

（2）能正确使用吸锡器。

 技能评价标准

评价内容 1：描述吸锡器的作用。

评价标准：能够准确描述吸锡器的作用。

吸锡器的作用为收集拆卸焊盘电子元器件熔化的焊锡。

评价内容 2：使用吸锡器。

评价标准：能够正确、熟练地使用吸锡器进行操作。

吸锡器的使用方法如下。

（1）检验吸锡器活塞密封良好。通电前，用手指堵住吸锡器头的小孔，按下按钮，如活塞不易弹到位，说明密封是好的。

（2）使用时先把吸锡器活塞向下压至卡住。

（3）用电烙铁加热焊点至焊料熔化。移开电烙铁的同时，迅速把吸锡器的吸嘴对准熔化的焊料，并按动吸锡器按钮，焊料将被吸入吸锡器内。

（4）一次吸不干净，可重复操作多次。

（5）吸锡器在使用一段时间后必须清理，否则内部活动的部分或头部会被焊锡卡住。

模块三　电子仪器的使用

技能教学内容

基础知识

（1）万用表的主要技术性能、类型、可测量电学量的种类和测量方法。

（2）毫伏表的技术性能、测量方法和注意事项。

（3）直流稳压电源的技术性能、使用方法和注意事项。

（4）信号发生器的技术性能、使用方法和注意事项。

（5）双踪示波器的技术性能、面板功能、使用方法和注意事项。

基本技能

（1）能规范使用万用表，并用万用表熟练测量电阻、交流电压、直流电压、直流电流和晶体管 h_{FE}。

（2）能规范使用交流毫伏表，并用交流毫伏表测量交流电压。

（3）能规范使用直流稳压电源，并熟练使用直流稳压电源输出直流电压和正负两组电压及电流。

（4）能规范使用信号发生器，并熟练使用信号发生器输出不同种类、频率和幅度的信号。

（5）能规范使用示波器，并能够通过示波器观察和测量信号的波形特性。

项目一　万用表的使用

技能教学内容

（1）万用表的使用方法和注意事项。

（2）使用万用电表测量各种电学量的方法。

技能教学目标

（1）能在测量电学量之前正确检验万用表。

（2）能使用万用表测量电阻的阻值。

（3）能使用万用表测量直流电流。

（4）能使用万用表测量直流电压。

（5）能使用万用表测量交流电压。

（6）能使用万用表测量晶体管 h_{FE}。

技能评价标准

以 MF47F 型指针式万用表为例，如图 3-1-1 和图 3-1-2 所示。

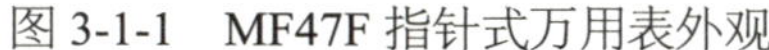
图 3-1-1　MF47F 指针式万用表外观　　　图 3-1-2　MF47F 指针式万用表刻度盘

评价内容 1：对所要使用的万用表进行检验和机械调零。

评价标准：能够正确使用万用表，并能进行机械调零。

1）万用表的检验

（1）首先进行外观检查，表壳应无油污、无破损，指针应摆动灵活，表笔线及表笔绝缘应良好，转换开关应转动灵活。

（2）检查表针是否指在零位。如果不在零位，应进行机械调零。

2）机械调零

在使用万用表前，用小号一字螺丝刀，调整表头的机械调零螺钉，使表针转至电压（电流）挡零位。

评价内容 2：使用万用表测量电阻，并读取电阻值。

评价标准：能够按规范使用万用表测量电阻，并准确读取电阻值。

万用表测量电阻的方法如下。

（1）选择表笔插口：将红表笔插入标有“+”号的插孔中，将黑表笔插入标有“-”号的插孔中。

（2）如果被测电阻处于电路中，先将被测电路断电，然后断开被测电阻与其他元器件的连接线。

（3）对被测电阻的阻值进行估计，根据估计值选择合适的欧姆挡量程（倍乘数）。

（4）进行欧姆调零：将两支表笔短路，调节欧姆挡调零旋钮，使表针偏转至“Ω”刻度尺的 0 点处。

（5）测量电阻：将红、黑表笔分别触碰电阻器两端的金属引脚，注意手不可同时触碰电阻引脚两端。

（6）识读阻值：观察指针位置，读取指针在刻度盘第一条刻度尺（标有“Ω”的刻度尺）上对应的读数，读取数据时眼睛要正视表针，使表针与镜像中的指针重合。

（7）将读数乘以挡位倍乘数，得到电阻器电阻值数据并记录。

用 $R\times100$ 挡测量时，若指针指在 8.5，则所测电阻的阻值为 $8.5\times100=850\Omega$。

特别提示：由于“Ω”刻度线是非线性分布的，左端刻度较密，易产生读数误差，因此测量时应选择合适的量程，一般使指针指示在整个量程的中间位置附近，这样读数才比较准确。每当变换量程时，必须重新进行欧姆调零，才能保证测量准确。

评价内容3：使用万用表测量直流电流，并读取数值。

评价标准：能够按规范使用万用表测量直流电流，并准确读取数值。

万用表测量直流电流的方法如下。

（1）选择表笔插孔：当被测电流小于500mA时，将红表笔插入标有“+”号的插孔中，将黑表笔插入标有“-”号的插孔中；当被测电流在500mA～10A时，将红表笔插入万用表右下方的“10A”插孔，将黑表笔插入标有“-”号的插孔中。

（2）选择合适的“mA”量程：一般先选择直流电流量程最大一挡进行估测，再根据指针偏转情况选择合适的量程，使指针指示在整个量程的1/2～2/3。若红表笔插入万用表右下方的“10A”插孔，旋转开关只能选择直流电流量程最大一挡，即500mA挡。

（3）测量直流电流：测量时应先切断电源，然后将被测电路断开，再把万用表串联在电路中，此时红表笔接电路高电位处（+），黑表笔接电路低电位处（-），如图3-1-3所示，不能反接，否则指针反偏。

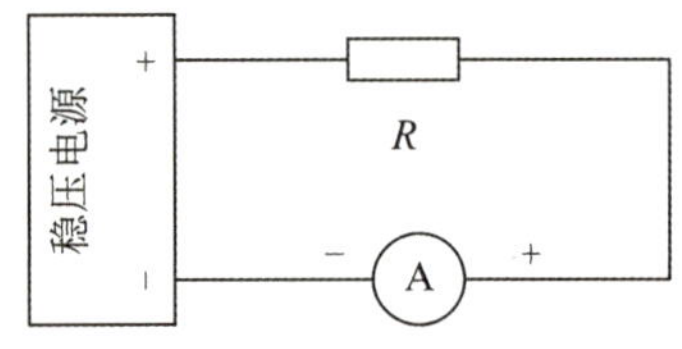

图3-1-3　直流电流的测量

（4）读取数值：直流电流测量的读数要看第三条刻度线（标有“mA”的刻度尺），如用5mA挡测量时，应把表面刻度上的表针满刻度50看成5，当指针指在30时，所测的电流值为3mA。

评价内容4：使用万用表测量直流电压，并读取数值。

评价标准：能够按规范使用万用表测量直流电压，并准确读取数值。

万用表测量直流电压的方法如下。

（1）选择表笔插孔：当被测直流电压小于1000V时，将红表笔插入标有“+”号的插孔中，将黑表笔插入标有“-”号的插孔中；若被测直流电压在1000～2500V，则将红表笔插入万用表右下方的“2500V”插孔，将黑表笔插入标有“-”号的插孔中。

（2）选择合适的DCV挡位：先将万用表的转换开关旋转到直流电压量程最大的一挡进行估测，再根据指针偏转情况选择合适的量程，使指针指示在整个量程的1/2～2/3。

（3）测量直流电压：测量直流电压时，要将万用表与被测电路并联，还要注意正、负极性，红表笔接被测电压的高电位处，黑表笔接被测电压的低电位处，如图3-1-4所示。如果被测电压极性无法确定，应先将转换开关置于直流电压最高挡进行点测，观察万用表指针的偏转方向，以确定极性。点测的动作应迅速，以防止表头因过载反偏，将万用表指针打弯。

（4）读取数值：直流电压值应在第三条刻度线（标有“V”的刻度尺）上读取，方法与直流电流的读取方法相同。例如，用2.5V挡测量时，应把表面刻度上的表针满刻度250看成2.5，若指针指在200，则所测的电压值为2V。

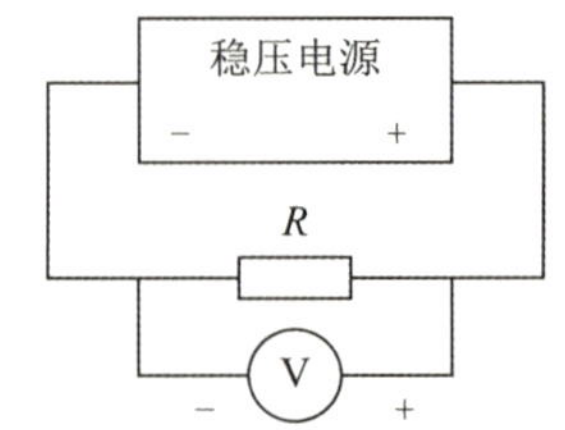

图3-1-4　直流电压的测量

评价内容5：使用万用表测量交流电压，并读取数值。

评价标准：能够按规范使用万用表测量交流电压，并准确读取数值。

万用表测量交流电压的方法如下。

（1）选择表笔插孔：当被测交流电压小于1000V时，将红表笔插入标有“+”号的插孔中，将黑表笔插入标有“-”号的插孔中；当被测交流电压在1000～2500V时，可以将红表笔插入万用表右下方的“2500V”插孔，将黑表笔插入标有“-”号的插孔中。

（2）选择合适的ACV挡位：一般先将万用表的转换开关旋转到交流电压量程的最大一挡进行估测，再根据指针偏转情况选择合适的量程，使指针指示在整个量程的1/2～2/3。

（3）测量交流电压：测量交流电压时，表笔不分正负，分别接触被测电路的两端，使万用表并联在被测电路两端。

（4）读取数值：交流电压值应在第三条刻度线（标有“V”的刻度尺）上读取，方法与直流电压的读取方法相同。例如，用500V挡测量时，应把表面刻度上的表针满刻度50看成500，若指针指在32，则所测的电压值为320V。

特别提示：若万用表的转换开关旋转到交流电压的10V挡，交流电压值应在第二条刻度线（标有“10V”的刻度尺）上读取。

评价内容6：使用万用表测量晶体管h_{FE}值，并读取数值。

评价标准：能够按规范使用万用表测量晶体管h_{FE}值，并准确读取数值。

万用表测量晶体管h_{FE}值的方法如下。

（1）选择表笔插孔：将红表笔插入标有“+”号的插孔中，将黑表笔插入标有“-”号的插孔中。

（2）选择挡位：先将万用表的转换开关转到h_{FE}处（R×10挡），然后进行欧姆调零，即将两支表笔短路，调节欧姆挡调零旋钮，使表针偏转至“Ω”刻度尺的0点处。

（3）测量h_{FE}的数值：按晶体管的类型（NPN型或PNP型）把晶体管的c、b、e三个电极对应插入表盘上的“c”“b”“e”插孔内。

（4）读取h_{FE}数值：h_{FE}数值应在第六条刻度线（标有“h_{FE}”的刻度线）上读取。

特别提示：

（1）在使用万用表之前，应先进行机械调零，即在没有被测电学量时，使万用表指针指在零电压或零电流的位置上。

（2）在使用万用表过程中，不能用手去接触表笔的金属部分，这样一方面可以保证测量的准确，另一方面也可以保证人身安全。

（3）在测量某一电学量时，不能在测量的同时换挡，尤其是在测量高电压或大电流时更应注意，否则会使万用表损坏。如需换挡，应先断开表笔，换挡后再进行测量。

（4）万用表在使用时必须水平放置，以免造成误差；同时还要注意避免外界磁场对万用表的影响。

（5）万用表使用完毕，应将转换开关置于交流电压的最大挡。如果长期不使用，还应将万用表内部的电池取出来，以免电池腐蚀表内其他元器件。

项目二　毫伏表的使用

技能教学内容

（1）毫伏表的使用规范。

（2）利用毫伏表测量电压的方法。

技能教学目标

（1）能规范使用毫伏表。

（2）能使用毫伏表测量交流电压。

技能评价标准

以 AS2294D 型晶体管毫伏表为例，AS2294D 型晶体管毫伏表的仪器面板如图 3-2-1 和图 3-2-2 所示，其旋钮名称及作用如表 3-2-1 所示。

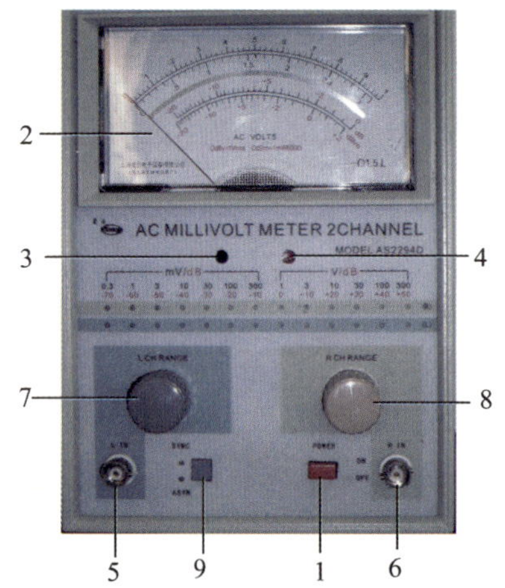

图 3-2-1　AS2294D 型晶体管毫伏表前面板

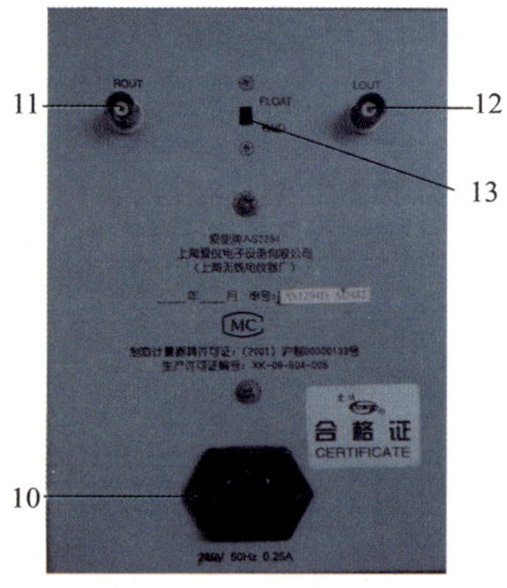

图 3-2-2　AS2294D 型晶体管毫伏表后面板

表 3-2-1　AS2294D 型晶体管毫伏表旋钮功能及作用

编号	面板显示	名称	作用
1	POWER	电源开关	开关按下时，接通电源
2	AC VCLTS	刻度盘	指示具体被测电压的数值
3		左通道机械调零螺钉	调节左通道指针指向刻度盘零点
4		右通道机械调零螺钉	调节右通道指针指向刻度盘零点

续表

编号	面板显示	名称	作用
5	L IN	左通道输入插座	左通道待测交流电压输入的 BNC 插座
6	R IN	右通道输入插座	右通道待测交流电压输入的 BNC 插座
7	L CH RANGE	左通道输入量程旋钮（灰色）	测量范围 0 ～ 300mV/dB
8	R CN RANGE	右通道输入量程旋钮（橘红色）	测量范围 0 ～ 300mV/dB
9	SYNC/ASYN	同步 / 异步按键	“SYNC”灯亮时为同步操作，此时，可由一个通道量程控制旋钮同时控制两个通道的量程
10	220V 50Hz 0.25A	电源 220V 输入插座（后面板）	交流电源输入插座
11	ROUT	右通道信号输出插座（后面板）	右通道信号输出插座，按量程挡的位置，输入信号被放大后在该端口输出
12	LOUT	左通道信号输出插座（后面板）	左通道信号输出插座，按量程挡的位置，输入信号被放大后在该端口输出
13	FLOAT/GND	浮置 FLOAT/ 接地 G 开关（后面板）	在测量需要平衡传输的音频信号时使用浮置测量功能

评价内容 1：使用毫伏表。

评价标准：能够按规范使用毫伏表。

毫伏表的使用方法如下。

（1）通电前，先检查表头指针是否在零点位置。若不是，可用螺丝刀调整表头上的机械调零螺钉，使指针指示为零；为保证性能稳定，应预热 10min 后使用。

（2）被测交流电压中的直流分量不得大于 300V，在不知被测电压大小的情况下应将测量量程调到最大量程挡，以免输入过载损坏毫伏表。

（3）毫伏表在每次开关机前、换挡或取下测试线前，都必须把量程打到最高挡（300V）。

（4）毫伏表的灵敏度高，测量时应先接好地线（一般为黑色鳄鱼夹），然后接高电位端，测量完后以相反顺序取下，以免人体感应电压使毫伏表指针急速打向满刻度，将指针打弯。

（5）如果用毫伏表测量 36V 以上电压，需注意安全，应使机壳接地，以免发生危险。

（6）接通电源及输入量程转换时，由于表内电容的放电过程，指针有所晃动，需等指针稳定后再读取数据。

评价内容 2：使用毫伏表测量交流电压。

评价标准：能够按规范使用毫伏表测量交流电压，并准确读取数值。

毫伏表测量交流电压的方法如下。

（1）机械调零：通电前，先检查表头指针是否在零点位置，若否，则可用螺丝刀调整表头上的机械调零螺钉，使指针指示为零。

（2）接通电源：在左（右）通道输入插座中插入测试电缆，再把测试电缆的两只鳄鱼夹短接，接通电源开关，指示灯点亮，预热 10min 后使用。

（3）连接测量电路：由于毫伏表的灵敏度较高，在测量时一定要先接地线（一般为黑色鳄鱼夹），再接高电位端的测试线。

（4）选择挡位：观察指针，旋转输入量程旋钮到合适的挡位，一般使指针指示在整个量程的 1/2 ～ 2/3，调节右通道时观察绿色指示灯，调节左通道时观察红色指示灯。

（5）读取交流电压数值：如图 3-2-3 所示为毫伏表的刻度面板，在使用 1、10、100（mV/V）的量程挡时应观察第一条刻度线（0 ～ 1 的刻度线）进行读数；在使用 0.3、3、30、300（mV/V）的量程挡时应观察第二条刻度线（0 ～ 3 的刻度线）进行读数。例如，当量程开关指示 0.3V 挡时进行测量，满度为 0.3V；如指针停在第二条刻度线的 2.5 处，则被测电压读作 0.25V。

图 3-2-3 毫伏表的刻度面板

（6）读取交流电压的分贝值：交流电压的分贝值要观察毫伏表的第三条刻度线，以指针分贝读数与量程开关所指分贝数的代数和来表示读数。例如，量程开关置于 +10dB（3V），表针指在 −2dB 处，则被测电平值为（+10dB）+（−2dB）=8dB。

（7）测量完毕，将输入量程旋钮转到最大量程挡，关掉电源开关。

特别提示：由于毫伏表刻度盘以正弦波有效值进行标度，因此当被测电压波形为非正弦波或正弦波形有失真时，读数会有误差。

项目三 直流稳压电源的使用

技能教学内容

（1）直流稳压电源的使用规范。

（2）直流稳压电源输出电压、电流的方法。

技能教学目标

（1）能够规范使用直流稳压电源。

（2）能够使用直流稳压电源输出电压、电流。

技能评价标准

以 XJ17333 型双路直流稳压电源为例。XJ17333 型双路直流稳压电源面板如图 3-3-1 所示。其各旋钮的名称及作用如表 3-3-1 所示。

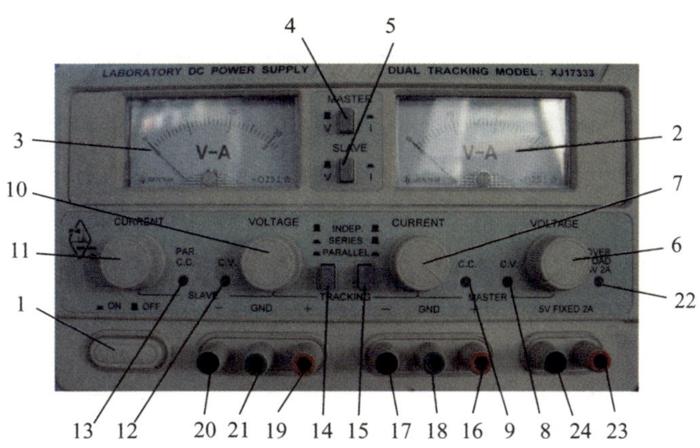

图 3-3-1　XJ17333 型双路直流稳压电源面板图

表 3-3-1　XJ17333 型双路直流稳压电源面板上各旋钮的名称及作用

编号	面板显示	名称	作用
1	ON / OFF	电源开关	控制电源通断，按入为“开”，弹出为“关”
2	V-A	主路电表	指示主路电源输出的电压或电流
3	V-A	从路电表	指示从路电源输出的电压或电流
4	MASTER	主路电表指示选择开关	选择指示主路电表指示值为电压或电流
5	SLAVE	从路电表指示选择开关	选择指示从路电表指示值为电压或电流
6	VOLTAGE	主路电压控制旋钮	用于调节主路输出电压的大小，当电源置于串联或并联运行状态时，可同时调节从路输出电压大小
7	CURRENT	主路电流控制旋钮	用于调节主路允许最大输出电流，当外负载电流超过设定值时，输出电压被限制；当电源置于并联运行时，可同时调节从路输出电流的大小
8	C.V.	主路稳压状态指示灯	当该灯亮时，表示主路电源输出处于稳压状态
9	C.C.	主路稳流状态指示灯	当该灯亮时，表示主路电源输出处于稳流状态
10	VOLTAGE	从路电压控制旋钮	用于调节从路输出电压的大小，当电源置于串联或并联运行状态时，该旋钮不起作用
11	CURRENT	从路电流控制旋钮	用于调节从路最大输出电流，当外负载超过设定值时，输出电压被限制；当电源置于并联时，该旋钮不起作用
12	C.V.	从路稳压状态指示灯	当该灯亮时，表示从路电源输出处于稳压状态
13	PAR.C.C.	从路稳流状态指示灯	当该灯亮时，表示从路电源输出处于稳流状态
14、15	TRACKING	输出电压状态控制按钮	输出电压状态控制按钮有三个挡位分别为“独立”“串联”“并联”
16	+	主路输出正端接线柱	输出电压的正极
17	-	主路输出负端接线柱	输出电压的负极
18、21	GND	机壳接地接线柱	与机壳和大地相连
19	+	从路输出正端接线柱	输出电压的正极
20	-	从路输出负端接线柱	输出电压的负极

续表

编号	面板显示	名称	作用
22	OVER OAD 5V 2A	5V 固定输出过载指示	当该灯亮时，表示负载电流已超过最大输出电流，并处于限流状态
23	5V FIXED 2A	5V 固定输出正端接线柱	输出 5V 电压正端
24	5V FIXED 2A	5V 固定输出负端接线柱	输出 5V 电压负端

评价内容 1：使用直流稳压电源。

评价标准：能够按规范使用直流稳压电源。

直流稳压电源的使用规范如下。

（1）实验中如果限流指示灯亮，表示限流保护装置工作，应排除过电流故障后再使用。

（2）在串联使用时，按钮 14、15 设置为“串联”状态，电源内部开关将主、从电源串联起来，可以满足较小串联电流输出要求。当输出电流较大时，一组电源的负极和另一组电源的正极应在外部可靠连通，否则在功率输出时，电流将流过电源内部一个串联开关，可能引起开关损坏。

（3）5V 固定输出端可外接输出电流不大于 2A 的负载。

（4）为了保护仪器，延长使用寿命，使用时应按规定操作，不能超过电流极限值过载使用。

评价内容 2：调节直流稳压电源在主、从路输出 0 ～ 30V 的直流电压。

评价标准：能够按规范调节直流稳压电源在主、从路输出 0 ～ 30V 的直流电压。

直流稳压电源主、从路输出直流电压的方法如下。

（1）接通电源开关。

（2）将输出电压状态控制按钮 14、15 设置为“独立”状态，即按钮 14、15 为弹起状态。

（3）把主路电表指示选择开关 4 设置在“V”位置，把主路电流控制旋钮 7 顺时针旋到底并保持，调节主路电压控制旋钮 6，使主路电表显示的直流电压值为所需的输出电压值。

（4）用连接导线把主路输出正端接线柱 16 和主路输出负端接线柱 17 接到负载，如图 3-3-2 所示。

（5）用同样的方法也可在从路输出 0 ～ 30V 的直流电压。

评价内容 3：使用直流稳压电源输出正、负两路直流电压，如 ±12V。

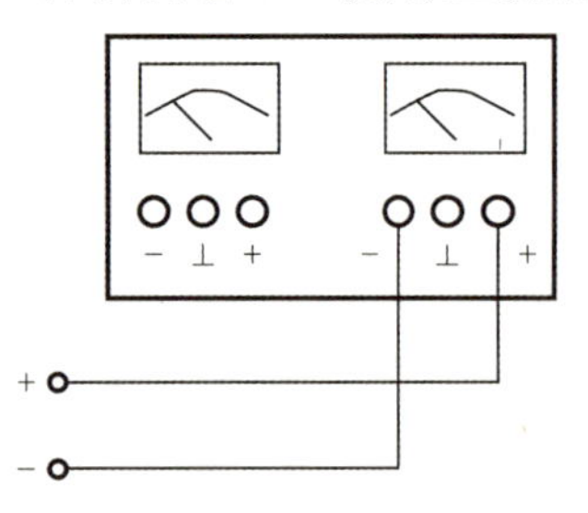

图 3-3-2　主路输出直流电压连线图

评价标准：能够按规范使用直流稳压电源输出正、负两路直流电压。

直流稳压电源输出正、负两路直流电压的方法如下。

（1）接通电源开关。

（2）将输出电压状态控制按钮 14、15 设置为“串联”状态，即按钮 14 为下压状态，按钮 15 为弹起状态。

（3）把主、从路电表指示选择开关 4、5 设置在“V”

位置，把主、从路电流控制旋钮 7、11 顺时针旋到底并保持，调节主路电压控制旋钮 6 使主、从路电表显示的直流电压值为 12V，此时从路电压控制旋钮 10 不起作用，从路电压将完全跟随主路电压。

（4）用导线连接各接线柱，如图 3-3-3 所示。

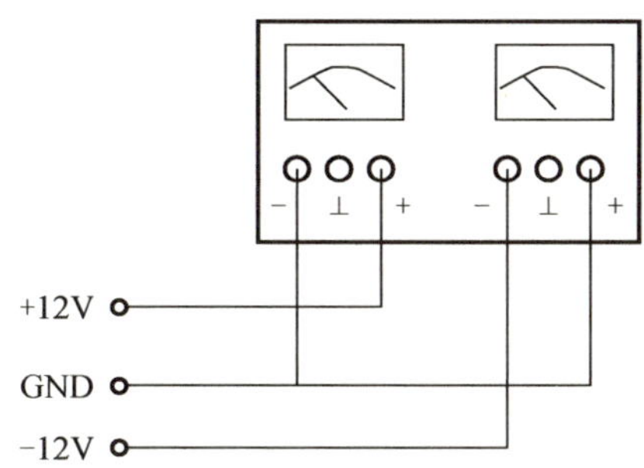

图 3-3-3　直流稳压电源输出正、负两路直流电压连线图

评价内容 4：使用直流稳压电源输出单路直流高电压，如 40V。

评价标准：能够按规范使用直流稳压电源输出单路直流高电压。

直流稳压电源输出单路直流高电压的方法如下。

（1）接通电源开关。

（2）将输出电压状态控制按钮 14、15 设置为“串联”状态，即按钮 14 为下压状态，按钮 15 为弹起状态。

（3）把主、从路电表指示选择开关 4、5 设置在“V”位置，把主、从路电流控制旋钮 7、11 顺时针旋到底并保持，调节主路电压控制旋钮 6 使主、从路电表显示的直流电压值为 40V，此时从路电压控制旋钮 10 不起作用，从路电压将完全跟随主路电压。

（4）用连接导线连接各接线柱，如图 3-3-4 所示。

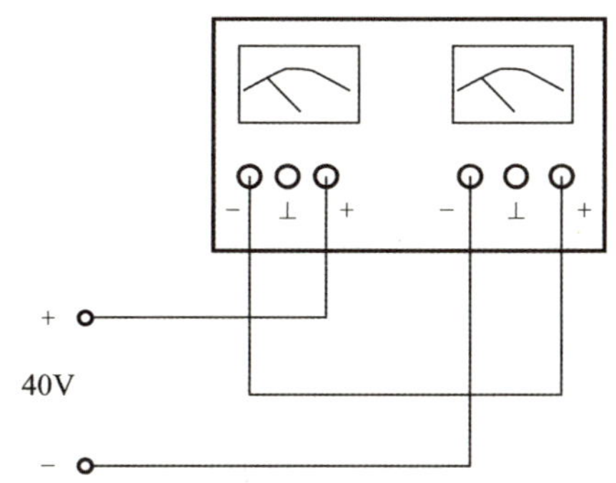

图 3-3-4　直流稳压电源输出单路直流高电压连线图

评价内容 5：使用直流稳压电源输出 0 ～ 3A 单路直流电流。

评价标准：能够按规范使用直流稳压电源输出 0 ～ 3A 单路直流电流。

直流稳压电源输出单路直流电流的方法如下。

（1）接通电源开关。

（2）将输出电压状态控制按钮 14、15 设置为“独立”状态，即按钮 14、15 为弹起状态。

（3）把主路电表指示选择开关 4 设置在“I”位置，把主路电压控制旋钮 6 顺时针旋到底并保持，调节主路电流控制旋钮 7 使主路电表显示的直流电流值为所需的输出电流值。

（4）用连接导线把主路输出正端接线柱 16 和主路输出负端接线柱 17 接到负载即可工作，如图 3-3-5 所示。

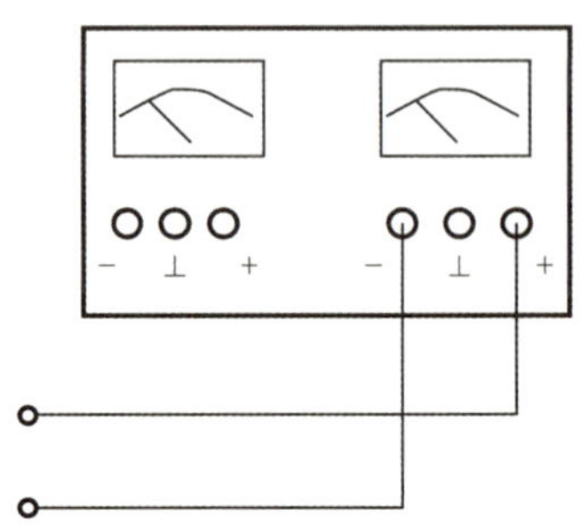

图 3-3-5　主路输出直流电流连线图

（5）用同样的方法可在从路输出直流电流 0 ～ 3A。

特别提示：

（1）作稳压源输出电压时，应将电流调节旋钮顺时针旋到底，并保持。调节电压调节旋钮控制输出的直流电压值。

（2）作稳流源输出电流时，应将电压调节旋钮顺时针旋到底，并保持。调节电流调节旋钮控制输出的直流电流值。

项目四　函数信号发生器的使用

技能教学内容

（1）函数信号发生器的认识，包括各旋钮和按键的功能。

（2）函数信号发生器的使用方法、注意事项等。

技能教学目标

（1）能认识函数信号发生器，准确说出各旋钮或按键的功能。

（2）能使用函数信号发生器输出不同种类、频率和幅度的信号。

技能评价标准

以 EE1652 型函数信号发生器为例。EE1652 型函数信号发生器的面板如图 3-4-1 所示。其各部分的含义与功能如表 3-4-1 所示。

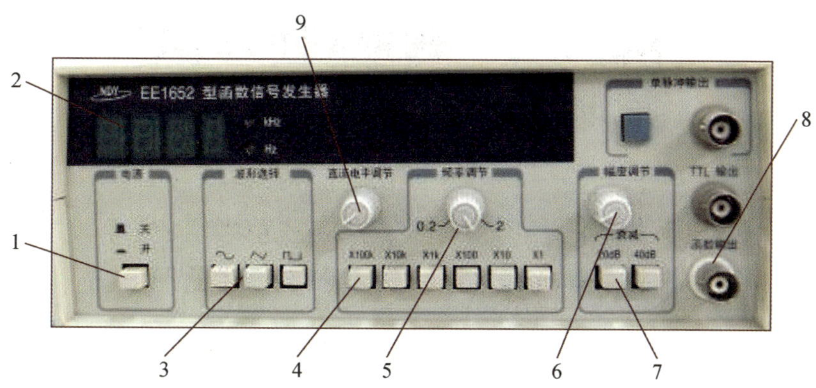

图 3-4-1　EE1652 型函数信号发生器面板

表 3-4-1　EE1652 型函数信号发生器各部分的含义与功能

编号	面板显示	名称	作用
1	电源	电源按键	控制电源通断，按入为“开”，弹出为“关”
2	kHz Hz	显示屏	显示函数信号发生器的输出信号频率，右边两个LED 被点亮显示信号频率的单位分别为 kHz、Hz
3	波形选择（正弦波、三角波、方波）	函数波形选择按键	由波形选择按键选择函数波形，可选择正弦波、三角波、方波
4	X100k X10k X1k X100 X10 X1	频段选择按键（挡位）	选择输出信号的不同频率段
5	频率调节	频率细调旋钮	调节输出信号的频率。结合频段选择按键，进行频率细调后可以确定函数信号的频率，频率大小可由显示屏观察
6	幅度调节	信号幅度调节旋钮	调节输出信号的电压幅值
7	衰减（20dB、40dB）	幅值衰减选择按键	当需要输出小信号时，可按下衰减选择按键： 只按下 20dB 按键，表示此时输出为原设定信号幅度的 1/10； 只按下 40dB 按键，表示此时输出为原设定信号幅度的 1/100； 两个按键均按下，表示此时输出为原设定信号幅度的 1/1000； 两个按键均不按下，表示此时输出没有衰减
8	函数输出	信号输出口	将信号线接在函数输出口，以向外提供函数信号；若需输出 TTL 电平信号或脉冲信号，应将信号线接在 TTL 信号输出口或单脉冲输出口
9	直流电平调节	直流电平调节旋钮	若输出信号没有在示波器中很好地显示出来，可适当调节此旋钮

评价内容 1：识别函数信号发生器。

评价标准：能够从提供的仪器仪表中正确识别函数信号发生器，或在其他类似的场合正确选择函数信号发生器（图 3-4-2）。

评价内容 2：使用函数信号发生器输出所需信号。

评价标准：能够使用函数信号发生器输出所需信号。例如，利用函数信号发生器产生一个频率为 11kHz、幅度为 2mV 的正弦波信号。

函数信号发生器的使用方法如下。

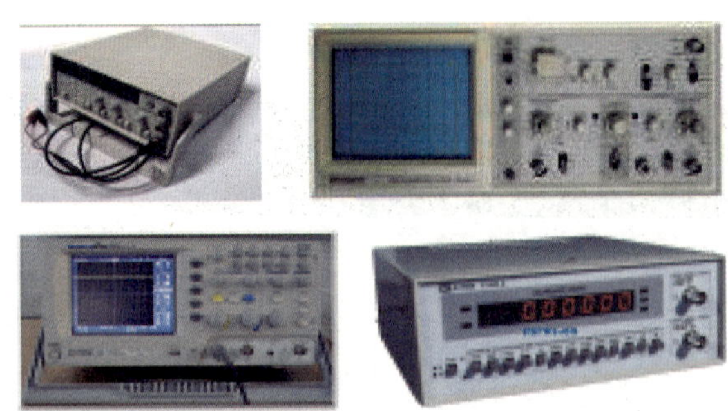

图 3-4-2　提供的仪器仪表

（1）打开电源开关：按下电源开关 1。

（2）接入信号线：将输出线接到函数输出口插座 8。

（3）选择信号波形：按下波形选择按键 3 中的，选择输出正弦波信号。

（4）选择信号频率：按下频段选择按键 4 中的，选择信号频段，再调节频率细调旋钮 5 至显示屏 2 显示“11”，“kHz”对应 LED 亮。

（5）选择信号幅度：按下幅值衰减选择按键 7 中的，再调节信号幅度调节旋钮 6，产生所需的电压信号幅值（利用示波器读取）。

（6）将输出线接到相应的测试电路，便可将信号输入被测电路。

项目五　示波器的使用

技能教学内容

（1）示波器的认识，包括面板旋钮和按键的功能。

（2）示波器的使用方法和注意事项。

技能教学目标

（1）能识别模拟示波器或数字示波器，并完成示波器的校准等准备工作。

（2）能使用示波器将需测波形正确地显示在屏幕上。

（3）能使用示波器正确读取波形的相关参数。

技能评价标准

评价内容 1：说明模拟示波器面板常用开关与旋钮的含义与功能，并完成示波器的校准等准备工作。

评价标准：能正确说明模拟示波器面板常用开关与旋钮的含义与功能，并准确完成示波器的校准等准备工作。

1. 模拟示波器结构

以 HITACHI V-252 型双踪模拟示波器为例进行介绍。HITACHI V-252 型双踪模拟示波器如图 3-5-1 所示。其面板如图 3-5-2 所示。

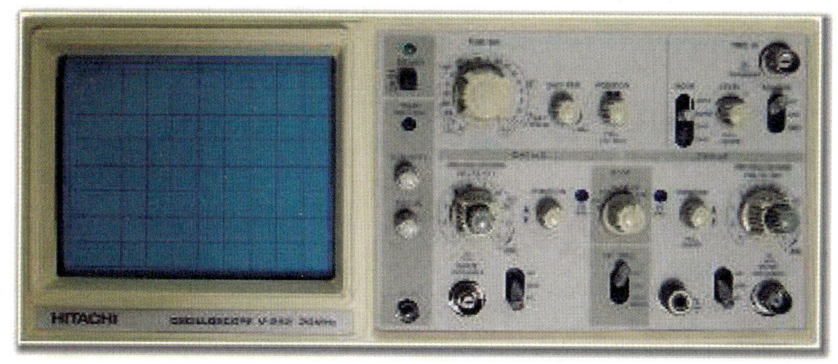

图 3-5-1　HITACHI V-252 型双踪模拟示波器

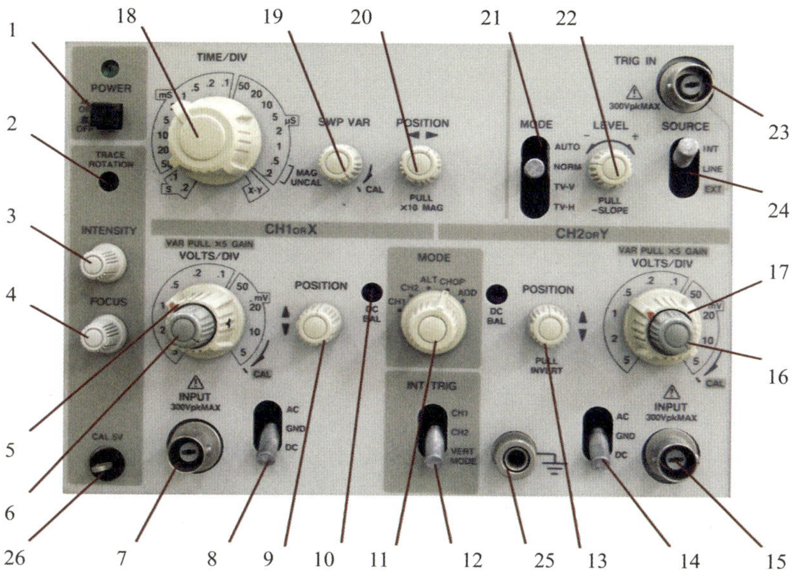

图 3-5-2　HITACHI V-252 型双踪模拟示波器的面板

该示波器各常用开关与旋钮的含义与作用介绍如下。

（1）电源及显示系统开关与旋钮的名称及作用如表 3-5-1 所示。

表 3-5-1　电源及显示系统开关与旋钮的名称及作用

编号	面板显示	名称	作用
1	POWER（电源）	电源开关	仪器的电源总开关，按入时接通，指示灯发亮
2	TRACE ROTATION（光迹旋转）	扫描线旋转调节旋钮	调节此旋钮可使扫描基线同内面板上的刻度水平线平行
3	INTENSITY（辉度）	辉度调节旋钮	调节屏幕上扫描线的明暗程度，顺时针方向旋转为扫描线增亮，逆时针方向旋转为扫描线变暗
4	FOCUS（聚焦）	聚焦调节旋钮	调节聚焦旋钮以获得最清晰、尖细的扫描线，使波形清晰
25	⏚	接地端	提供示波器的接地端口
26	CAL .5V（校准信号）	校准信号输出端	提供频率 1kHz、校准电压 0.5V 的方波，供校准示波器用

（2）垂直调节（*Y* 轴）系统开关与旋钮的名称及作用如表 3-5-2 所示。

表 3-5-2　垂直调节系统开关与旋钮的名称及作用

编号	面板显示		名称	作用
5	VOLTS/DIV（左通道幅值旋钮）		垂直幅度衰减旋钮（*Y* 轴）	调节左通道电压灵敏度。使用 10 ：1 探头时，测量结果要进行换算
6	×5 GAIN（左通道幅值扩展旋钮）		垂直幅度微调开关（*Y* 轴）	此旋钮可微调显示波形的幅度，顺时针转到尽头锁死时为校准位置，该旋钮一般情况下在此状态。该旋钮拉出时垂直增益将扩大 5 倍
7	INPUT（左通道输入插座）		输入插座	接输入探头，被测信号从这里进入示波器
8	AC（交流耦合）		左通道 *Y* 轴放大器输入耦合方式选择开关	对于输入信号中含有的直流成分予以切断
	GND（接地）			输入信号与放大器断开，放大器输入端接地
	DC（直流耦合）			能观察含有直流成分的输入信号
9	POSITION（位移）		垂直位移旋钮（CH1）	调节左通道扫线或光点的垂直位置。顺时针旋转扫描线向上，逆时针旋转时扫描线向下
10	DC BAL		直流平衡	直流校准控制
11	MODE	CH1（通道 1）	测量方式选择开关	仅显示左通道（CH1）的信号
		CH2（通道 2）		仅显示右通道（CH2）的信号
		ALT（交替）		CH1 和 CH2 交替工作，适用于较高扫描速度
		CHOP（断续）		CH1 和 CH2 低速轮流工作
		ADD（相加）		显示两通道信号的代数和（CH1+CH2）
12	INT TRIG（内部触发选择开关）	CH1	垂直轴工作选择开关	选择 CH1 输入信号作为触发源信号
		CH2		选择 CH2 输入信号作为触发源信号
		VERT MODE		交替地以 CH1 和 CH2 两路信号作为触发源信号
13	POSITION（位移）		垂直位移旋钮（CH2）	调节右通道扫线或光点的垂直位置。顺时针旋转扫描线向上，逆时针旋转时扫描线向下
14	AC（交流耦合）		右通道 *Y* 轴放大器输入耦合方式选择开关	对于输入信号中含有的直流成分予以切断
	GND（接地）			输入信号与放大器断开，放大器输入端接地
	DC（直流耦合）			能观察含有直流成分的输入信号
15	INPUT（右通道输入插座）		输入插座	接输入探头，被测信号从这里进入示波器
16	×5 GAIN（右通道幅值扩展旋钮）		垂直幅度微调开关（*Y* 轴）	此旋钮可微调显示波形的幅度，顺时针转到尽头锁死时为校准位置，该旋钮一般情况在此状态。该旋钮拉出时垂直增益将扩大 5 倍
17	VOLTS/DIV（右通道幅值旋钮）		垂直幅度衰减旋钮（*Y* 轴）	调节右通道电压灵敏度。使用 10 ：1 探头时，测量结果要进行换算

（3）水平调节（*X* 轴）系统开关与旋钮的名称及作用如表 3-5-3 所示。

表 3-5-3　水平调节系统开关与旋钮的名称及作用

编号	面板显示	名称	作用
18	TIME/DIV（扫描时间旋钮）	扫描速度选择旋钮（*X* 轴）	调节信号的时间灵敏度
19	SWP VAR（扫描时间扩展旋钮）	扫描速度微调开关	此旋钮顺时针转到尽头并关断时，为校准状态，被测信号的时间显示值等于原值；当此旋钮以逆时针转到满度时，其屏幕显示的时间变化范围为原值的 2.5 倍
20	POSITION（位移）	水平位移旋钮	调节扫描线或光点在屏幕上水平方向的位置

（4）触发系统开关与旋钮的名称及作用如表 3-5-4 所示。

表 3-5-4　触发系统开关的名称及作用

编号	面板显示	名称	作用
21	AUTO（自动）	触发方式	当无触发信号加入或触发信号频率低于 50Hz 时，扫描为自激方式
	NORM（常态）		当无触发信号加入时，扫描处于准备状态，没有扫描线
22	LEVEL（电平）	触发电平调节旋钮	当信号波形不能稳定显示时，调节此旋钮可以使之稳定
23	TRIG IN（触发输入插座）	触发源输入端	外部触发源信号输入
24	SOURCE（触发源）	触发源选择开关	选择不同的触发源

（5）示波器探头。使用示波器时必须用示波器探头接触被测信号，通过探头将信号输入示波器。示波器探头如图 3-5-3 所示。

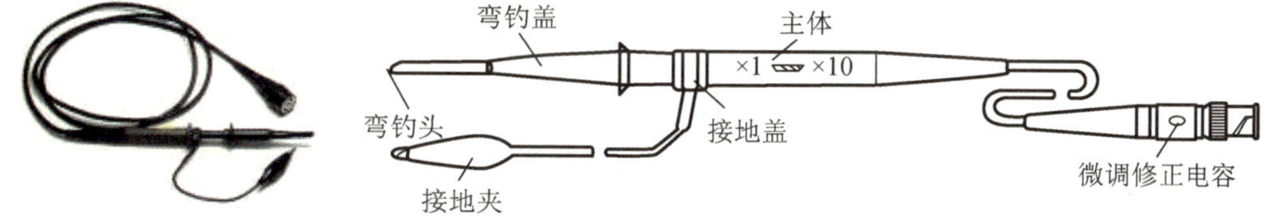

图 3-5-3　示波器探头

将示波器探头插入示波器的左（右）通道的输入插座便可进行测量，若需进行双踪测量，左、右通道分别插入一个探头即可。

示波器探头上有一个幅值衰减系数开关，分别为 ×1 和 ×10。选择 ×1 时，外部信号将不经衰减按原来幅值进入示波器，示波器读取的信号幅值数据便是输入信号的幅值；当选择 ×10 时，外部信号将经过衰减按原来幅值的 1/10 进入示波器，示波器读取的信号幅值数据需乘 10 才是输入信号的真正幅值。

2. 示波器校准方法

1）示波器使用前的注意事项

（1）使用仪器前应认真阅读使用说明书，仪器通电后一般需预热 15min 后才基本进入稳定工作状态，此时才能进行测量工作。

（2）检查示波器要求的电源电压是否与电网电压（220V±22V）相一致。

（3）使用环境温度为 0 ～ 40℃，相对湿度不大于 90%（温度为 40℃时，相对湿度为 90%），工作环境应无强烈的电磁场干扰。

（4）输入信号的幅度不得超过最大允许输入电压 V_{P-P}（本机为不大于 400V_{P-P}）。

（5）显示光点的辉度不宜过亮，且不宜长时间在屏幕上显示静止的亮点或曲线，以免损坏屏幕。

（6）关机前应将辉度旋钮逆时针旋至最暗，避免关机时产生的亮点损坏屏幕。

（7）使用完毕，应将 CH1、CH2 的幅度衰减旋钮置于最大挡（逆时针旋尽）。

2）示波器使用前的校准

示波器初次使用前或久置复用时，需对仪器进行检查、校准，方法如下。

（1）供电电网电压与仪器电源电压（220V）应相符，否则应把仪器的后盖板打开，重新调整。

（2）仪器面板上各控制旋钮位置按表 3-5-5 设置。

表 3-5-5　校正时控制旋钮位置设置

面板旋钮开关	开关编号	设定位置
辉度调节旋钮	3	顺时针旋到尽头
聚焦调节旋钮	4	居中
垂直轴工作选择开关	12	拨到 CH1
垂直位移旋钮	9	置于中间位置
水平位移旋钮	20	按入状态下，置中间位置
垂直幅度衰减旋钮（VOLTS/DIV）	5	0.5V/DIV
垂直幅度微调开关（×5 GAIN）	6	校准位置（顺时针旋到尽头后锁死）
扫描速度选择旋钮（TIME/DIV）	18	0.5ms/DIV
扫描速度微调开关（SWP VAR）	19	校准位置（顺时针旋到尽头后锁死）
触发电平调节旋钮	22	锁定（逆时针旋到底）
耦合方式选择开关	8	拨到 AC 位置
触发方式	21	选择自动（AUTO）
触发源选择开关	24	拨到“INT”

（3）按下电源开关，指示灯亮，表示电源接通，仪器预热 15min。

（4）示波器屏幕上将出现一条扫描线，若没有扫描线出现，则按表 3-5-5 检查各控制旋钮设定的位置是否正确。

（5）调节旋钮 3、4，使扫描线亮度适中，聚焦效果最佳。

（6）调节垂直位移旋钮 9，使扫描线与水平刻度平行（若扫描线有明显倾斜，可用螺丝刀调节光迹旋钮）。

（7）把测试探头插入到 CH1 输入插座 7，把弯钩头勾在 $2V_{P\text{-}P}$/1kHz 校准信号输出端 26 上。

（8）屏幕上应显示图 3-5-4 所示的波形。校准方波的一个周期应占屏幕水平方向 2 格，幅度应占垂直方向 4 格。

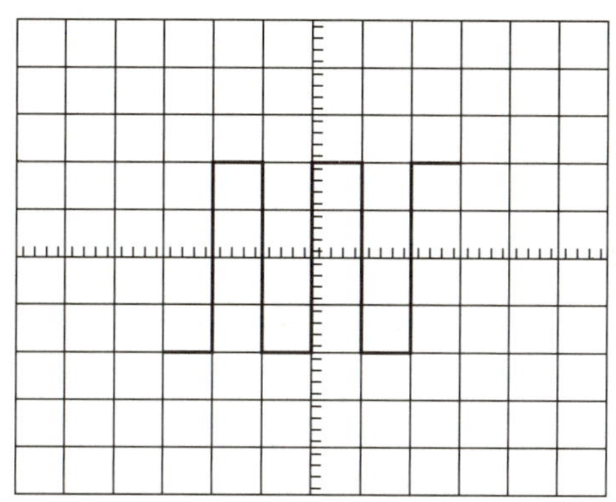

图 3-5-4　自校波形

（9）若所测波形不稳定，则顺时针旋转触发电平调节旋钮 22，使其离开锁定状态，慢慢调节使波形同步。

评价内容 2：使用模拟示波器将需测波形正确地显示在屏幕上，读取波形的相关参数。

评价标准：能够使用模拟示波器将需测波形正确地显示在屏幕上，并正确读取波形的相关参数。

交流电压的测量方法如下。

（1）仪器校准后，可对信号电压进行定量测量，测量方法虽各有不同，但基本原理是一样的。通常被测信号存在交流和直流分量，仪器可单独测量分量值，也可测量两种分量的复合数值。

（2）交流分量电压的测量一般是通过测量波形峰 - 峰之间数值或某波峰到波谷之间的数值获得的。测量时耦合方式选择开关 8 应置于“AC”位置；当测量重复频率低的交流分量时，应置于“DC”位置。测量步骤如下。

① 把耦合方式选择开关 8 置于“AC”位置。

② 将被测信号经探头由 CH1 或 CH2 输入插座输入 7 或 15，测试探头适当选择衰减量（×1 或 ×10），调节触发电平调节旋钮 22，使波形稳定。

③ 调节旋钮 5 或 17（VOLTS/DIV）和旋钮 18（TIME/DIV）使显示的波形幅度和周期适中。波形适中，即波形幅度占屏幕的 1/3 ～ 2/3；周期适中，即屏幕显示 2 ～ 3 个周期的波形。

④ 调节垂直位移旋钮 9 或 13 和水平位移旋钮 20，使显示波形对准屏幕标尺的刻度，以便读出波形的幅度和一个周期的波形的宽度，检查垂直幅度微调开关 6 或 16、扫描速度微调开关 19 应置于校准位置，此时可直接计算出被测信号各点的峰 - 峰值（$U_{P\text{-}P}$）和周期（T）。

峰 - 峰值（U_{P-P}）：

$$U_{P-P}=\text{波形的幅度（DIV）}\times V/\text{DIV}\times\text{衰减量}$$

周期：

$$T=\text{一个周期波形的宽度（DIV）}\times T/\text{DIV}\times\text{调整量}$$

其中，波形的幅度指被测信号波峰到波谷之间的垂直格数（DIV）；一个周期波形的宽度指被测信号一个周期波形的水平格数（DIV）。

评价内容 3：读取交流信号波形的参数。

评价标准：能够正确读取交流信号波形的参数，并进行计算。

交流信号波形参数的读取与计算方法如下。

（1）会计算波形的电压峰 - 峰值：

$$U_{P-P}=V/\text{DIV（电压灵敏度）}\times\text{DIV（格数）}$$

电压最大值（峰值）U_m：

$$U_m=U_{P-P}/2\text{（仅限于正弦波计算）}$$

电压有效值 U：

$$U=U_m/\sqrt{2}\text{（仅限于正弦波计算）}$$

（2）会计算波形的周期：

$$T=T/\text{DIV（时间灵敏度）}\times\text{DIV（格数）}$$

频率：

$$f=1/T$$

例：根据图 3-5-5 所示，如果仪器 VOLTS/DIV 衰减旋钮此时指示为 0.1V/DIV，扫描时间旋钮 TIME/DIV 选择为 1ms/DIV，读被测信号的信号波形幅度为 2 格，一个周期在标尺格中的宽度为 2 格，则计算过程如下。

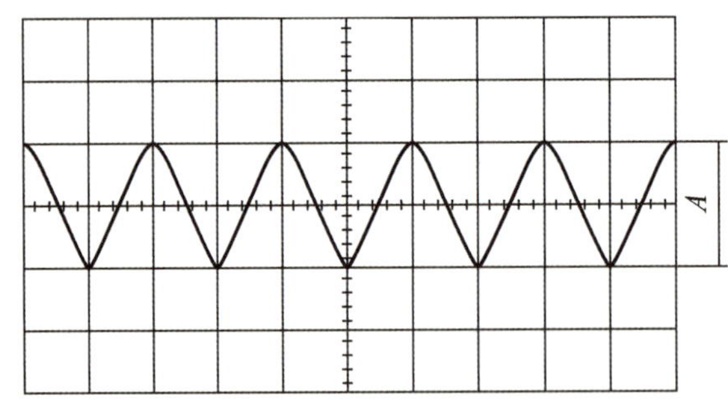

图 3-5-5　交流电压的测量波形

(1) 被测信号的电压值计算如下。

① 若被测信号由探头 ×1 挡直接输入，则被测信号的峰 - 峰值应为

$$U_{P-P}=0.1\text{V/DIV}\times 2\text{DIV}=0.2\text{V}$$

② 若被测信号经探头 ×10 挡输入，则被测信号的峰 - 峰值应为

$$U_{P-P}=0.1\text{V/DIV}\times 2\text{DIV}\times 10=2\text{V}$$

③ 若测量时垂直幅度微调开关 6 或 16，置于“拉出 ×5”状态，则被测信号的峰 - 峰值应为

$$U_{P-P}=0.1V/DIV\times 2DIV\div 5=0.04V$$

(2) 被测信号的周期计算如下。

① 若扫描速度微调开关 19，置于校准位置，信号的周期为

$$T=2DIV\times 1ms/DIV=2ms$$

② 若测量时扫描速度微调开关 19，逆时针方向旋至满刻度，则测得信号的周期为

$$T=2DIV\times 1ms/DIV\div 2.5=0.8ms$$

评价内容 4：说明数字示波器面板常用开关与旋钮的含义与功能，并完成示波器的校准等准备工作。

评价标准：能够正确说明数字示波器面板常用开关与旋钮的含义与功能，并准确完成示波器的校准等准备工作。

1. 数字示波器面板简介

以 GDS-1072A-U 示波器为例。其面板如图 3-5-6 所示，各部分按钮的含义及作用如表 3-5-6 所示。

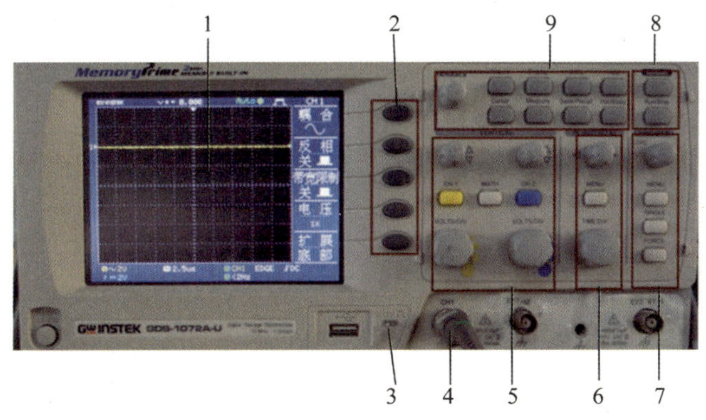

图 3-5-6　GDS-1072A-U 示波器的面板

表 3-5-6　GDS-1072A-U 示波器面板各部分按钮的含义及作用

编号	面板显示	名称	作用
1		屏幕	用于显示被测信号的波形、测量刻度、操作菜单等
2		屏幕菜单操作按钮	对屏幕显示的菜单进行操作
3	≈ 2V ⎍	校准信号	提供频率 1kHz、校准电压 0.5V 的方波信号，用于示波器的自检
4	CH1 或 CH2	输入探头插座	用于连接输入电缆，以便输入被测信号，共两路 CH1 和 CH2
5	VERTICAL	垂直调节控制部分	用于选择被测信号及调整被测信号在 Y 轴方向的显示大小或位置
6	HORIZONTAL	水平调节控制部分	用于选择被测信号及调整被测信号在 X 轴方向的显示大小或位置
7	TRIGGER	触发部分	用于调整显示的被测信号的稳定性
8	Autoset/Run	操作方式控制部分	提供自动调整和显示静止两种方式
9	VARIABLE	辅助测量部分	提供测量方式、采样方式、显示方式等方式供选择

2. 数字示波器各常用开关与旋钮的含义与功能

（1）垂直调节（*Y* 轴）系统的开关与旋钮如图 3-5-7 所示。其含义及作用如表 3-5-7 所示。

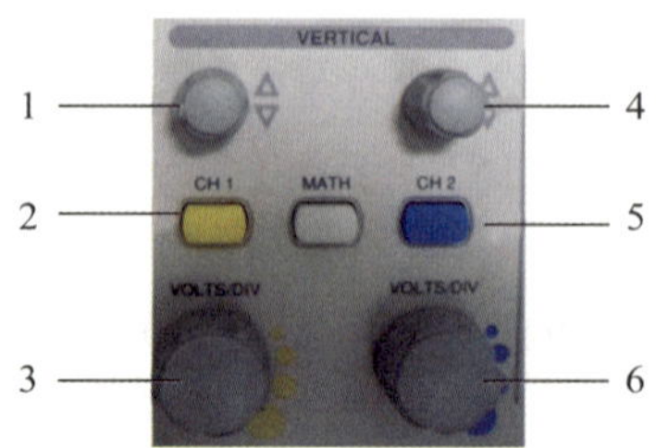

图 3-5-7　垂直调节（*Y* 轴）系统的开关与旋钮

表 3-5-7　垂直调节系统开关与旋钮的含义及作用

编号	面板显示	名称	作用
1、4	⇳	CH1/CH2 通道 *Y* 轴位移旋钮	用于上下移动被测信号波形
2、5	CH1/CH2	CH1/CH2 通道按钮	按下此按钮，屏幕显示 CH1/CH2 通道菜单
3、6	VOLTS/DIV	CH1/CH2 通道电压灵敏度设置旋钮	调节 CH1/CH2 通道信号的电压灵敏度

（2）水平调节（*X* 轴）系统的开关与旋钮如图 3-5-8 所示。其含义及作用如表 3-5-8 所示。

（3）触发系统的开关与旋钮如图 3-5-9 所示。其含义及作用如表 3-5-9 所示。

图 3-5-8　水平调节（*X* 轴）系统的开关与旋钮　　图 3-5-9　触发系统的开关与旋钮

表 3-5-8　水平调节系统开关与旋钮的含义及作用

编号	面板显示	名称	作用
1	◁▷	信号 *X* 轴位移旋钮	用于左右移动被测信号波形
2	MENU	水平设置菜单	用于调整水平方向波形显示
3	TIME/DIV	信号时间灵敏度设置旋钮	调节信号的时间灵敏度

表 3-5-9　触发系统开关与旋钮的含义及作用

编号	面板显示	名称	作用
1	LEVEL	电平旋钮	触发电平设定触发点对应的信号电压，以便进行采样。按下 LEVEL 旋钮可使触发电平归零
2	MENU	触发控制菜单按钮	显示“触发控制”菜单
3	SINGLE	信号采样按钮	采集单个波形，完成后停止
4	FORCE		无论示波器是否检测到触发，都可以使用 FORCE 按钮完成当前波形采集。该按钮主要应用于触发方式中的正常方式和单次方式

（4）操作控制方式按钮如图 3-5-10 所示。其含义与作用如表 3-5-10 所示。

（5）辅助测量部分的开关与旋钮如图 3-5-11 所示。其含义及作用如表 3-5-11 所示。

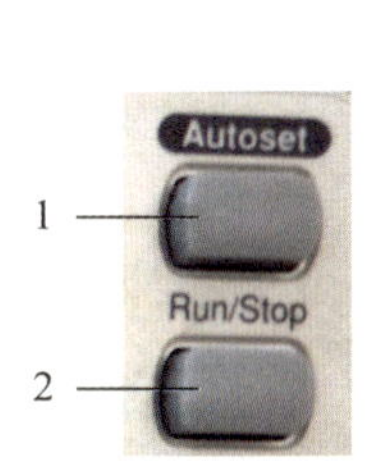

图 3-5-10　操作控制方式按钮

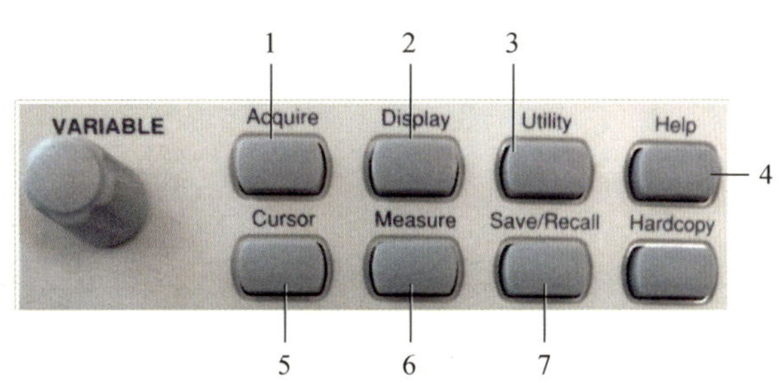

图 3-5-11　辅助测量部分开关与旋钮

表 3-5-10　操作控制方式按钮的含义及作用

编号	面板显示	名称	作用
1	Autoset	自动设置按钮	自动设置示波器控制状态，以产生适用于输出信号的显示图形
2	Run/Stop	触发控制菜单按钮	连续采集波形或停止采集。**注意：在停止的状态下，对于波形垂直挡位和水平时基可以在一定的范围内调整，相对于对信号进行水平或垂直方向上的扩展**

表 3-5-11　辅助测量部分按钮的含义及作用

编号	面板显示	名称	作用
1	Acquire	采集按钮	显示“采集”菜单
2	Display	显示按钮	显示“显示”菜单
3	Utility	辅助功能按钮	显示“辅助功能”菜单
4	Help	帮助	进入在线帮助系统
5	Cursor	光标菜单按钮	显示“光标”菜单。当显示“光标”菜单并且光标被激活时，“万能”旋钮可以调整光标的位置。离开“光标”菜单后，光标保持显示（除非“类型”选项设置为“关闭”，但不可调整）

续表

编号	面板显示	名称	作用
6	Measure	测量按钮	显示“自动测量”菜单
7	Save/Recall	保存 / 调出按钮	显示设置和波形的“储存 / 调出”菜单

评价内容 5：使用数字示波器将需测波形显示在屏幕上，并读取波形的相关参数。

评价标准：能够使用数字示波器将需测波形正确地显示在屏幕上，并正确读取波形的相关参数。

下面以测量示波器校准信号为例，说明交流信号的测量方法。

（1）打开电源开关。

（2）恢复初始设置：按下 Save/Recall 按钮，屏幕显示“初始设置”，按下对应的屏幕菜单按钮，恢复初始设置，如图 3-5-12 所示。

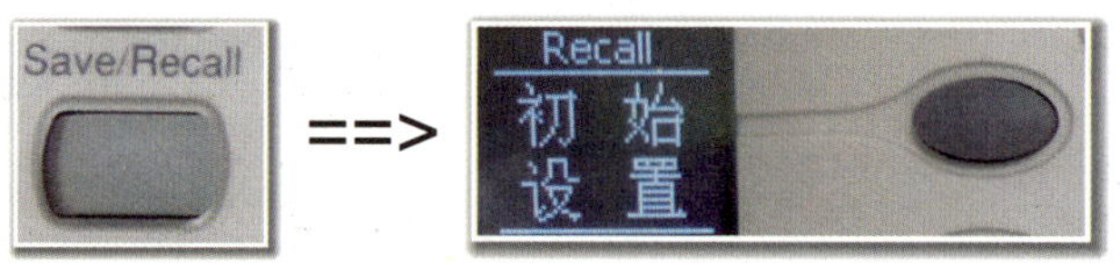

图 3-5-12　示波器恢复初始设置

（3）调整通道耦合方式（以 CH1 通道为例）：按 CH1 →“耦合”→“交流”，设置为交流耦合方式，如图 3-5-13 所示。

图 3-5-13　设置耦合方式

（4）自动测量：按下 Autoset 按钮，自动设置灵敏度，按下 Run/Stop 按钮运行、采样信号后再次按下此按钮可停止采样，最后按下 Measure 按钮，完成自动测量，如图 3-5-14 所示。

图 3-5-14　自动测量

（5）参数选择和调整。初始设置后屏幕默认显示峰 - 峰值、平均值、频率、上升时间等参数，要求将其改为峰 - 峰值、最大值、均方根值、周期、频率 5 个参数，如图 3-5-15 所示。

以将频率参数改为周期参数显示为例，介绍显示参数的修改方法。按下“频率”屏幕菜单按钮，进入频率菜单设置，再次按下对应屏幕菜单按钮，弹出“参数选择”对话框，旋转 VARIABLE 旋钮，将光标移至所需的参数处，再次按下屏幕菜单按钮，回到原界面，频率参数处已改为“周期”，按下 Measure 按钮，完成自动测量，屏幕显示如图 3-5-16 所示。

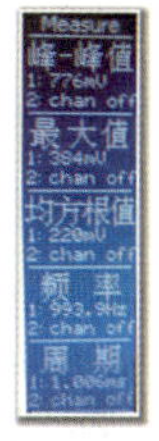

图 3-5-15　参数选择和调整

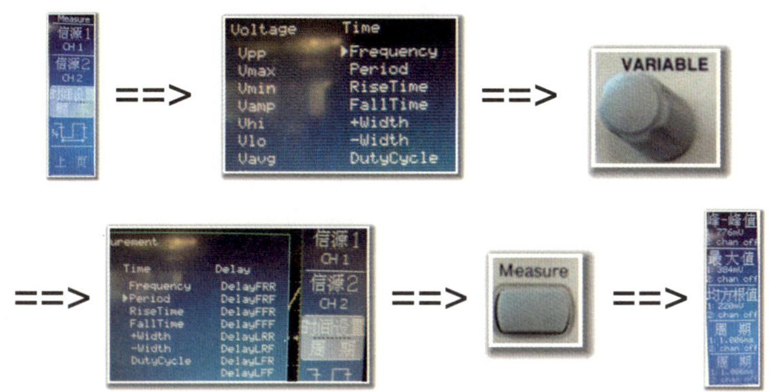

图 3-5-16　参数调整

特别提示：*若方波显示不稳定，此时可调节 LEVEL（电平旋钮），使波形稳定下来。*

（6）读取参数的两种方法。

① 从屏幕菜单中直接读取。

② 观察波形图，计算幅值和周期。

例如，从图 3-5-17 中可知方波峰 - 峰值为 4 格（竖直方向的格数），电压灵敏度为 500mV，方波周期为 4 格（水平方向的格数），时间灵敏度为 250ms，则电压峰 - 峰值为

$$U_{P\text{-}P}=V/\text{DIV}（电压灵敏度）\times \text{DIV}（格数）$$
$$=500\text{mV/DIV}\times 4\text{DIV}=2000\text{mV}=2\text{V}$$

方波的周期为

$$T=T/\text{DIV}（时间灵敏度）\times \text{DIV}（格数）$$
$$=250\text{ms/DIV}\times 4\text{DIV}=1000\mu\text{s}=1\text{ms}$$

频率为

$$f=1/T=1/1\text{ms}=1\text{kHz}$$

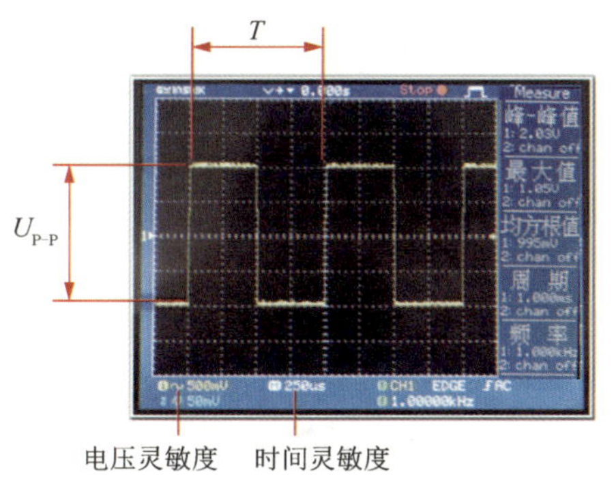

图 3-5-17　参数读取

模块四　电子产品的装配

编写范围界定：本模块电子产品安装方法只涉及手工装配。

技能教学内容

基础知识

（1）电路安装任务书（或说明书）的识读。

（2）电子产品的安装方法。

（3）电子产品的安装工艺。

（4）电子产品的安装技巧。

基本技能

（1）能识别各种常见元器件，使用万用表判断各种元器件的优劣；用电阻法、电压法等方法测量相关电路。

（2）能处理元器件引脚表面的氧化物。

（3）能对元器件引脚整形。

（4）能焊接电子元器件。

（5）能按安装工艺要求装配电子产品。

（6）能合理运用电子产品的安装技巧。

（7）能对电子产品进行外观检查。

项目一　电子产品的安装方法

技能教学内容

（1）装配说明书、元件清单阅读。

（2）原理图的识读。

（3）根据原理图识读印制电路板（PCB）图。

（4）电子元器件的引脚及导线的处理。

（5）电子产品的安装。

技能教学目标

（1）能正确判断元器件的性能。

（2）能正确加工元器件引脚及绝缘导线。

（3）能识读并说明电路图、PCB 图，并正确装配。

（4）能控制电子产品安装的质量。

技能评价标准

评价内容 1：识别元器件。

评价标准：能够从提供的元器件中找出指定元器件。

在给出的一堆元器件中，能在规定时间内找出 1kΩ 的电阻器、9014 晶体管、1000pF 电容器、发光二极管、整流二极管 1N4007 等元器件，并测量判断其性能。

评价内容 2：绝缘导线的线头加工方法。

评价标准：能够完成绝缘导线的线头加工。

导线处理步骤为剪线、剥线头、捻头、上锡等过程。

（1）剪线：保证尺寸符合规定要求，剪线过程中注意保护好绝缘层。

（2）剥线头：通常用剥线钳剥线头，注意剥线时刀刃口应与被剥导线的粗细相适应。

（3）捻头：按原来绞合方向捻紧，螺旋角一般在 30° ～ 45° 。

（4）上锡：电烙铁贴紧导线端头加热约 1s，焊锡伸到烙铁头和线头之间，焊锡立即开始熔化；当熔化的焊锡量足够时，移开焊锡，焊锡完全到达端部时，移开电烙铁。上锡时间要尽量短，烙铁头不要烫到导线绝缘层。

评价内容 3：元器件引脚的加工方法。

评价标准：能够完成给定元器件引脚的加工。

（1）氧化物的清除：氧化轻的元器件只要用镊子轻刮即可，氧化严重的元器件要用砂纸打磨，从距离元器件根部 2 ～ 5mm 处向外打磨，露出原金属即可。

（2）元器件引脚上锡：用烙铁上锡时，操作时间要合适，一般为 2 ～ 5s，时间过短，焊脚不能得到充分的加热；时间太长，易造成元器件损坏。

（3）元件引脚的整形：元器件在电路板上的安装由机器外形、内部高度、散热条件、元器件外形、引出脚的位置等决定，常见的有卧式和立式两种插装方法。为了保证元器件在电路板上整齐美观，焊接好的电路板及元器件如图 4-1-1 所示。

说明：如果元器件引脚没有氧化，氧化物的清除、元器件引脚上锡步骤可省去。

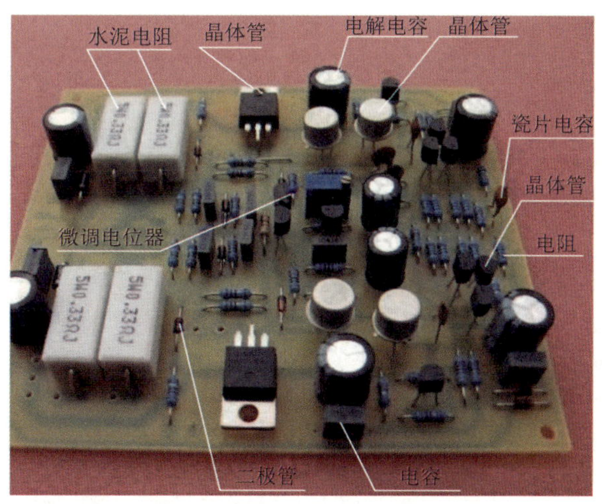

图 4-1-1 焊接好的电路板及元器件

评价内容 4：分析电路的工作原理，检查 PCB，完成电路的安装。

评价标准：能够分析电路的工作原理，检查 PCB，并完成电路的安装，控制电路装配的质量。以路灯控制电路（图 4-1-2）为例。

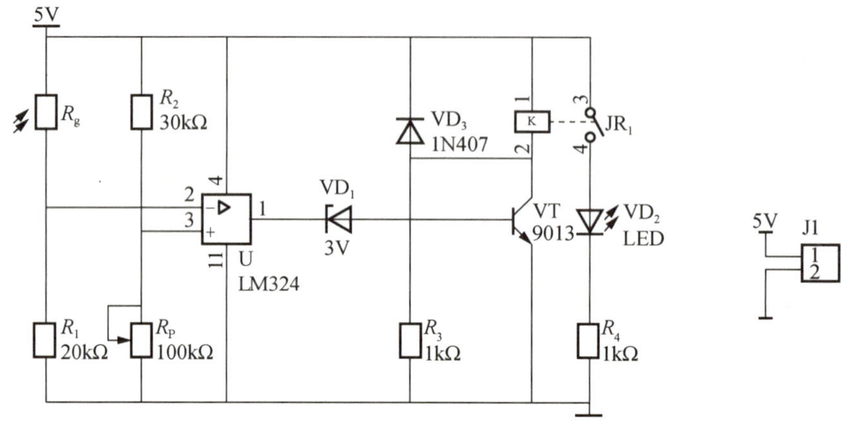

图 4-1-2　路灯控制电路

（1）识读装配说明：装配说明一般介绍了产品的型号、工作电压、电路组成、功能等，认真阅读会让操作者对产品有一个整体认识。

（2）阅读元器件说明：如收音机的元器件中周有颜色的说明，必须按顺序安装；变压器安装要区分输入端和输出端；晶体管有不同的型号，必须看清型号安装。

（3）研究元器件清单：对照实物检查，识别电子元器件、导线、外壳、支架、螺钉及机械配件等，检查是否有缺损的情况。

（4）分析路灯控制电路的工作原理：如图 4-1-2 所示，当晚上光线暗时，R_g 阻值大，R_1 上检测到的电压低，经比较放大器 LM324 反相放大，输出的电压升高，VT 饱和导通，继电器线圈得电，继电器触点闭合，LED 点亮（路灯亮）。白天光照强，R_g 阻值小，R_1 上检测到的电压高，经比较放大器 LM324 反相放大，输出的电压低，VT 截止，继电器触点断开，LED 不发光（路灯不亮）。

（5）检查 PCB：电路安装不只是焊接工作，还要在安装前检测元器件质量，并根据原理图对 PCB 进行检查，查看 PCB 是否有误或存在缺陷，如短路、断路等情况。

（6）元器件引脚除按一般工艺要求整形外，有的元器件需要进行特殊的整形，如有时发光二极管指示要求伸到显示窗，引脚要留长或弯曲处理；有的元器件受外壳造型限制，要进行特殊的安装。

（7）安装电路时要重视每个元器件的安装位置，不能焊错。

（8）电路装配质量目测：在安装过程中，要关注电路整体安装效果，如电阻的安装应紧贴电路板。电路装配质量目测项目中要检查所有元器件是否装完，安装完后检查有没有剩下的元器件，检查线路是否连接到位，检查电流测试口是否接通，电路板是否有连焊、短路的情况，是否有虚焊、假焊的情况发生。电路板安装完成后，可以用万用表电阻挡测量电路输入端、输出端有没有短路，如果没有，可以尝试通电测量电压、电流、波形等参数。

（9）拆焊：实际操作中，拆焊很重要，拆焊比焊接难度大，拆焊不得法将使被拆元器件和 PCB 受到损坏。拆焊工具及其使用方法介绍如下。

常用的拆焊工具有吸锡电烙铁、吸锡器、吸锡铜网等。常见的吸锡电烙铁如图 4-1-3 所示。吸锡电烙铁由中空烙铁头的外热式电烙铁和一个手动气泵组成。

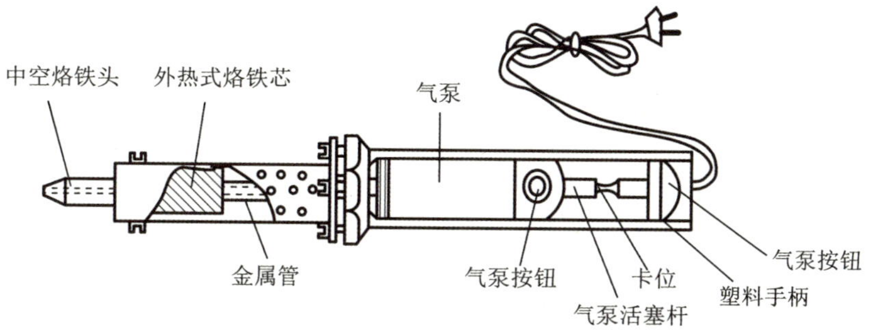

图 4-1-3　常见的吸锡电烙铁

吸锡器和吸锡铜网都是在焊点焊锡熔化后，用以清除焊锡的拆焊工具，其结构如图 4-1-4 所示。吸锡器与电烙铁配合使用。吸锡铜网浸泡过松香水，吸锡性能良好，是拆焊集成电路等多引脚元器件的好材料。

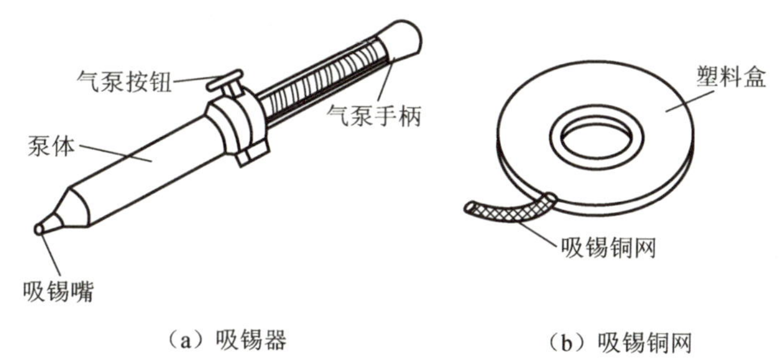

（a）吸锡器　　（b）吸锡铜网

图 4-1-4　吸锡器和吸锡铜网

（10）电路安装完后，还要进行机械部分、外壳等的安装，在此不再详细介绍。

项目二　电子产品的安装工艺

技能教学内容

（1）元器件焊点工艺标准。

（2）电子产品手工安装工艺。

（3）拆焊工艺。

技能教学目标

（1）能按工艺标准焊接元器件。

（2）能按工艺标准正确安装电子产品。

（3）能综合使用工具按工艺要求拆焊元器件。

技能评价标准

评价内容 1：处理电子元器件的引脚，焊接在万能板上，并拆下指定元器件。

评价标准：能够按电子元器件焊接工艺标准对电子元器件进行拆装。

（1）焊点应具有良好导电性。焊点要具有良好的导电性，关键在于焊料与被焊金属面的原子间是否互相扩散而完全形成合金。如果不能形成或只有局部形成合金，焊料与被焊金属只是简单堆积和混合，这就是常说的虚焊、假焊，这样的焊点导电性极差，时间一长便接触不良。检查焊点质量是否良好，可通过仔细观察焊点的扩散程度来判断，如图 4-2-1 所示。

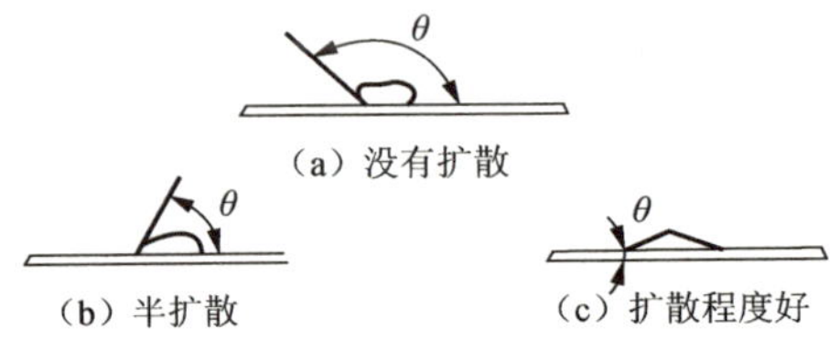

图 4-2-1　润湿程度与 θ 角的关系

由图 4-2-1 可见，焊点表面与被焊铜箔面的夹角 θ 越小，焊锡与铜箔润湿程度越好。

（2）具有一定的机械强度。增大焊盘的面积，可以增加焊点强度。

（3）焊料的量要适当，如图 4-2-2 所示。

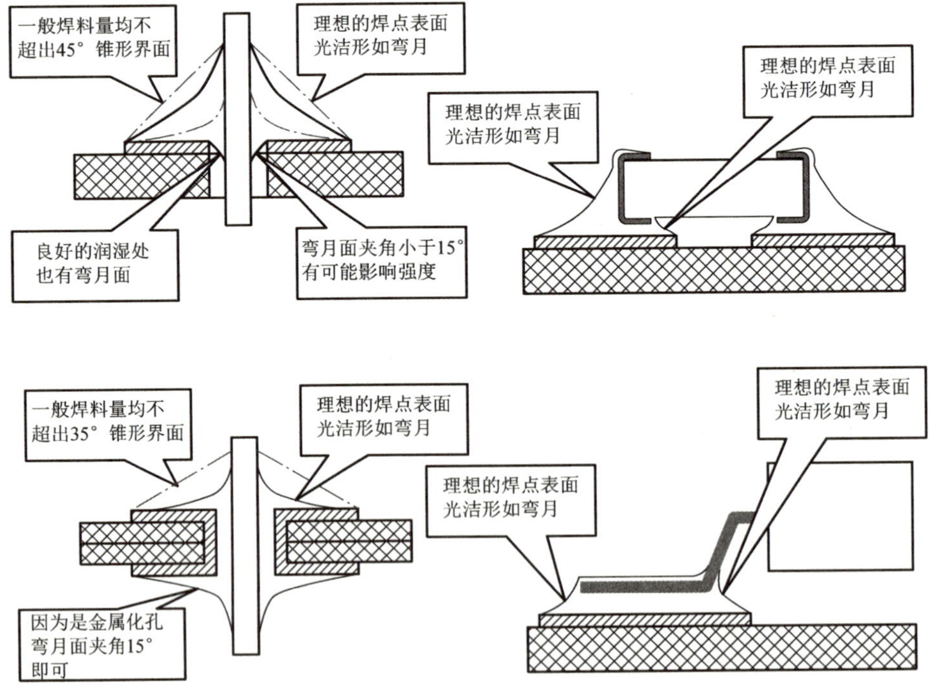

图 4-2-2　焊点工艺要求

（4）表面光亮圆滑，无空隙、飞边。空隙和飞边不但使外观难看，而且在高压电路中极易引起放电而损坏电路元器件。

（5）引脚长度适当。元器件引脚一般较长，焊接后通常需要剪去多余部分。引脚多余部分用斜嘴钳剪断，剩余引脚伸出电路板面1.2～1.5mm。元器件焊接工艺评价标准如表4-2-1所示。

表 4-2-1　元器件焊接工艺评价标准

训练内容	材料	工具	标准
剪引脚	电阻、电容、二极管等各类元器件若干	25～30W 电烙铁、小刀、斜嘴钳	长度满足公差要求
清洁			引脚清理干净
上锡			上锡均匀，无飞边
成形处理			成形美观
焊接			焊点扩散良好、导电性良好

评价内容 2：完成实际电路装配。

评价标准：能按工艺标准要求完成电路装配。

例：装配图 4-2-3 所示的方波三角波发生电路。

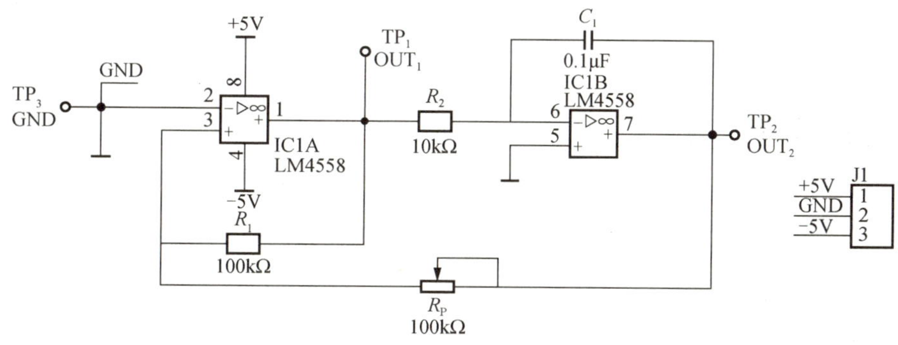

图 4-2-3　方波三角波发生电路

（1）装配步骤如下。

① 在动手装配三角波方波发生电路前用万用表测量各元器件，确保元器件质量。

② 安装时先装低矮的元器件，然后装高一点的元器件。

③ 卧式安装元器件要紧贴底板（有散热要求的除外），立式安装元器件要紧贴底板、自然垂直。

（2）检查标准如表 4-2-2 所示。

表 4-2-2　方波三角波发生电路焊接安装标准

训练内容	使用工具	评分标准
多芯塑料绝缘软线的处理	电铬铁、尖嘴钳、镊子、小刀、砂布、松香	1．剥头不伤芯线，尺寸符合要求； 2．捻头规范，无松散现象； 3．上锡均匀、不伤绝缘层； 4．焊盘无剥落，焊后的 PCB 干净、无残留物； 5．焊点圆滑、光亮、牢固

续表

训练内容	使用工具	评分标准
方波三角波电路的元器件焊接	电铬铁、焊锡、尖嘴钳、镊子、小刀、砂布、松香、电路元器件一套	1. 焊脚去氧化层、污垢干净彻底； 2. 焊脚上锡均匀，尺寸符合要求； 3. 元器件安装合理，排列整齐； 4. 焊点应当有光亮、光滑的外观，并且呈润湿状态；润湿体现在被焊件之间的焊料呈凹的弯月面； 5. 操作步骤清楚，方法得当，焊接时间控制适当； 6. 焊盘无剥落，焊后的 PCB 干净、无残留
元器件拆焊	电铬铁、尖嘴钳、镊子、松香、排锡管和捅针、吸锡铜网、吸锡器等	1. 被拆焊元器件完好无损； 2. 被拆焊 PCB 焊盘完好，焊盘孔通畅，板面干净； 3. 不烫坏、损坏未被拆焊的元器件及连接线

项目三　电子产品的安装技巧

技能教学内容

（1）焊接技巧。

（2）虚焊、假焊的预防和解决技巧。

（3）焊后清洗。

（4）拆焊技巧。

技能教学目标

（1）能把握电子元器件的焊接技巧。

（2）能对焊接好的电路板进行清洁处理。

（3）能对不同的元器件进行拆焊。

技能评价标准

评价内容 1：焊接方法、焊接技巧的掌握。

评价标准：能够对焊接方法、焊接技巧的掌握达到熟知程度。

（1）五步焊接：五步焊接操作的分解步骤如图 4-3-1 所示。

① 准备。准备阶段的工作内容如下。

a．焊接工作的组织。被焊电路板、电烙铁、焊料（焊锡丝）、烙铁架、常用工具整齐放置在最便于操作的地方。

b．用烙铁海绵将烙铁头擦干净，清洁烙铁头上氧化了的焊锡。

② 加热被焊件。用右手将电烙铁拿稳对准被焊件加热，可以很快将热量传到被焊件上。加热被焊件时应设法加大烙铁头与被焊件的接触面，以缩短加热时间，保护热敏感元器件。

③ 熔化焊料。被焊件加热到一定温度，即用左手迅速将焊锡丝从烙铁头的对称侧加入并触及被焊件，焊锡丝随之熔化，覆盖焊点，此时要注意控制焊锡的用量，以获得高质量焊点。

④ 移开焊锡丝。当焊锡丝熔化适量后，迅速移开焊锡丝。

⑤ 移开烙铁。焊锡丝移开后，已熔化在焊点上的焊锡会在烙铁的加温下继续迅速润湿扩散，在焊剂未完全挥发，且扩散范围合适时，应先慢后快，沿 45° 角方向迅速移开烙铁。移开烙铁头的时机、速度和方向将决定焊点的质量和外观，初学者应反复训练方可熟练掌握。

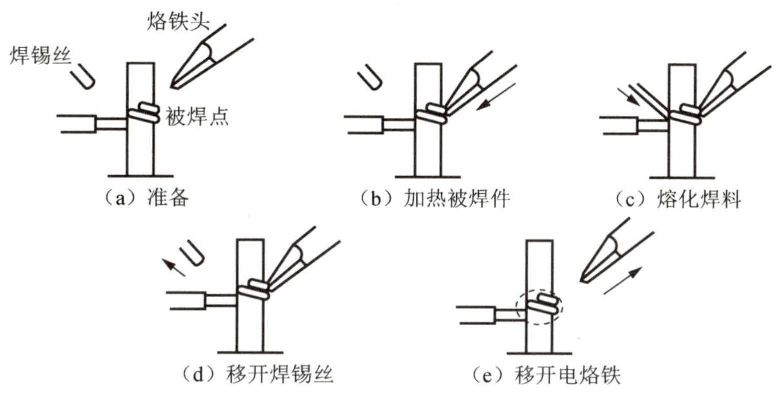

图 4-3-1　五步焊接操作法

（2）三步焊接：三步焊接操作是在五步焊接操作法的基础上演化而来的，它们之间有很多共同之处。三步焊接操作法如图 4-3-2 所示。

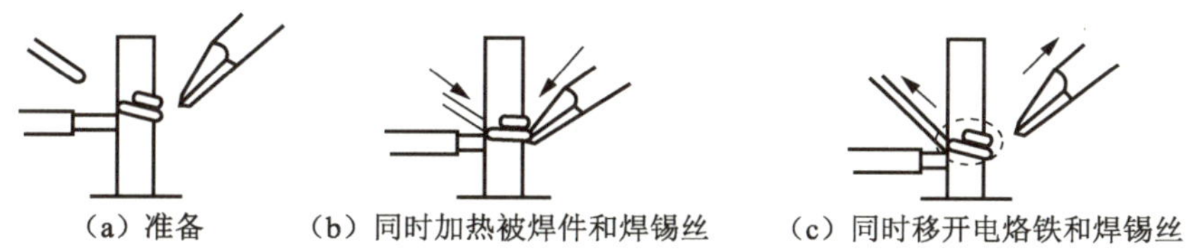

图 4-3-2　三步焊接操作法

当焊锡的熔化量和扩散范围都达到要求后，同时迅速拿开烙铁和焊锡丝。值得注意的是，拿开焊锡丝的时间不能迟于拿开烙铁的时间，否则焊锡丝可能被黏在焊点上影响焊点质量。

（3）被焊接金属的表面应清洁。金属表面轻度的氧化层可通过焊剂作用来清除，氧化程度严重的金属表面则应采用机械或化学方法清除，如采用刀刮或酸洗等。

（4）助焊剂的使用要适当。助焊剂在加热熔化时可以熔解被焊接金属物表面的氧化物和污垢，助焊剂的用量大，助焊效果好，但助焊剂残渣也越多，有些助焊剂残渣不断腐蚀金属零件，为此，必须合理地选用助焊剂型号和用量。

（5）焊接时应具有一定的温度。焊接时，热能的作用是熔化焊锡和加热被焊金属，使锡、铅原子获得足够能量渗透到被焊金属表面的晶格中而形成合金。烙铁温度为 330℃左右。

（6）合适的焊接时间。焊接时间过长易损坏元器件或焊接部位，过短则达不到焊接要求。一般每个焊点一次的焊接时间最长不能超过 5s。

（7）虚焊、假焊的预防和解决技巧。由于被焊表面不干净，存在氧化层及污物，或由于温度、时间选择及操作不当，焊接时焊剂又运用不当，致使焊锡与待焊金属之间被氧化层及污物所隔离或没有形成合金，造成假焊、虚焊现象。加锡量的掌握除了送焊锡丝要均匀适度外，还可以利用烙铁头撤离方向控制焊锡量，烙铁头能吸去多余的焊锡使焊点饱满圆滑。其具体操作方法如图 4-3-3 所示。

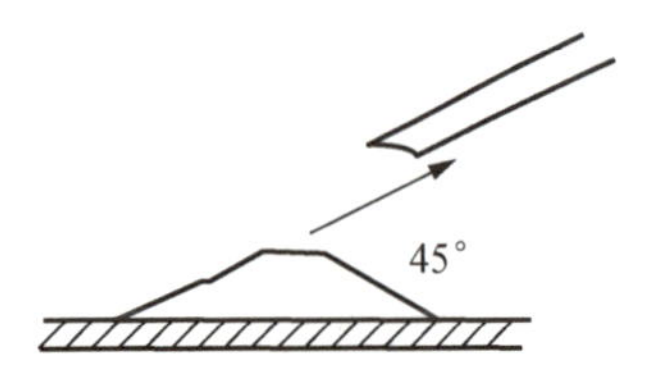

图 4-3-3　控制焊锡量的操作方法

评价内容 2：对焊接好的电路板进行清洗。

评价标准：能够按电路板的清洗方法对焊接好的电路板进行清洗。

焊剂在焊接后的残留物对被焊件会产生腐蚀作用，影响电气性能，因此，焊接后一般要对焊点进行清洗。清洗方法为用笔头较宽的毛笔，蘸上清洗液对焊点进行刷洗，操作步骤如下。

（1）将 PCB 向外侧倾斜。

（2）将毛笔蘸上清洗液。

（3）用毛笔由上至下进行刷洗，刷洗过程让溶解了焊剂的清洗液流走，再蘸上新的清洗液，反复刷洗至干净为止。

评价内容 3：在已经焊接好的电路板上拆焊电阻、晶体管、集成电路等指定元器件。

评价标准：能够按照拆焊方法在已经焊接好的电路板上拆焊指定元器件。

根据被拆焊对象的不同，采用分点拆焊和集中拆焊两种操作方法。

（1）分点拆焊。最常见的分点拆焊针对阻容元件较多，其操作方法如图 4-3-4 所示。

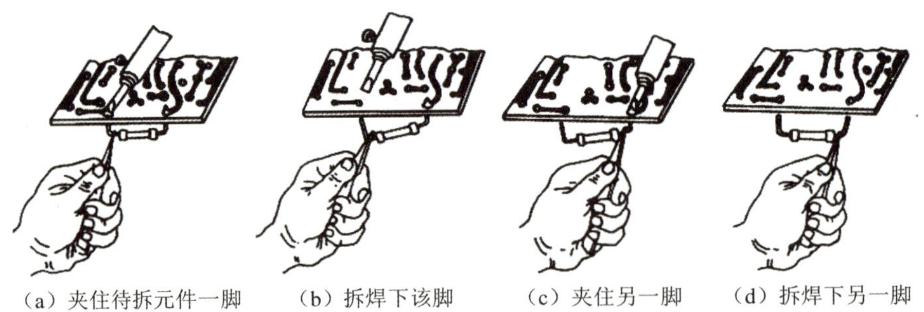

（a）夹住待拆元件一脚　（b）拆焊下该脚　（c）夹住另一脚　（d）拆焊下另一脚

图 4-3-4　分点拆焊

（2）集中拆焊。用集中拆焊法拆焊晶体管时，采用电烙铁同时交替加热三个电极焊点，待焊点焊锡都熔化后一次即可拔出晶体管，如图 4-3-5 所示。

用集中法拆焊集成电路时，应根据不同封装的集成电路采用相应的专用烙铁头，依次加热熔化并取下集成电路，如图 4-3-6 所示。

图 4-3-5　晶体管的集中拆焊

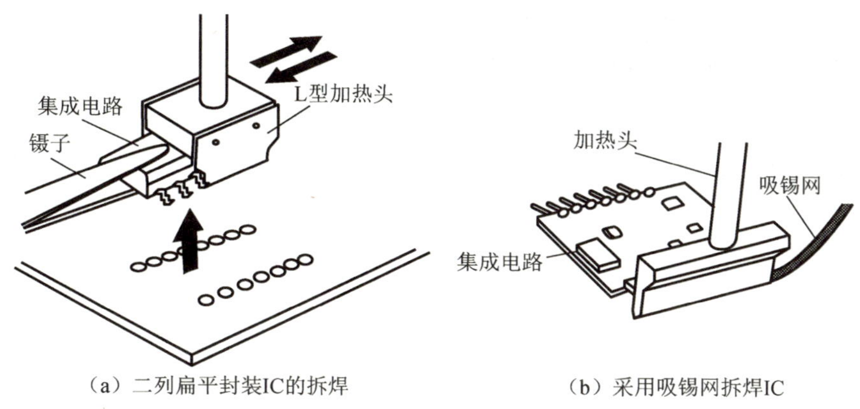

（a）二列扁平封装IC的拆焊　　（b）采用吸锡网拆焊IC

图 4-3-6　集中拆焊集成电路

无论采用哪种拆焊方法，都应注意以下几点：

① 严格控制加热的温度与时间。通常拆焊的操作时间比焊接时间长，温度和时间控制不好就会损坏元器件、导线、PCB 及塑料骨架，当加热拆焊一次不成功时，应间隔一段时间后再次进行拆焊。

② 拆焊时用力要适度，注意不要造成铜箔翻脱、焊脚与元器件分离的现象出现。撬直焊脚或引线时，要注意安全，不要将已熔化的焊锡弹入眼内或衣服上。

模块五　电子产品功能的调试

技能教学内容

基础知识

(1) 电路调试的基本要求和安全措施。

(2) 功能电路及部件的调试。

(3) 整机电路的调试。

基本技能

(1) 选择调试用仪器设备，确定测试点。

(2) 分析部件及功能电路的作用，进行功能电路及部件调试。

(3) 整机电路外观检查、功能调试、整机统调及整机技术指标综合测试等。

项目一　调试的基本要求和安全措施

技能教学内容

(1) 仪器设备的选用。

(2) 测试点的确定。

(3) 仪器与测量测试点的连接及测量。

(4) 测量记录数据。

(5) 供电安全、仪器设备安全和操作安全。

技能教学目标

(1) 能正确选用测量所需要的仪器设备。

(2) 能正确选择测试点。

(3) 能正确连接仪器与测量测试点，进行测量测试。

(4) 能正确记录数据。

(5) 注意用电安全及仪器设备的操作安全。

技能评价标准

评价内容 1：根据电路调试的要求选出所需要的仪器仪表（图 5-1-1）。

评价标准：能够从提供的仪器设备中找出电路供电及测量所需要的仪器仪表。

(1) 测量电压、电流等，要选择万用表。

(2) 测量波形，要选择示波器。

(3) 测量正弦交流电压，要选择毫伏表。

(4) 需要提供电路输入信号，选择信号发生器。

（5）需要给电路供电，选择直流稳压电源。

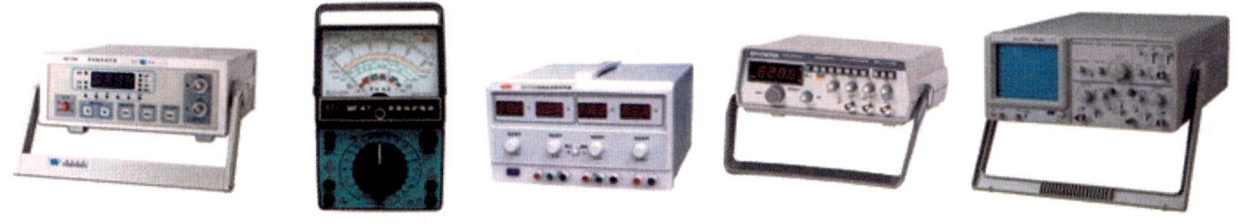

图 5-1-1　电路调试常用的仪器仪表

评价内容 2：测试点选择方法。

评价标准：能根据所要测量的参数正确合理地选定测试点。

（1）直流电压测试点的选定。以测量三端集成稳压电路 LM7805 的输出电压为例，学生应能阅读电路原理图，并在 PCB 上找到 LM7805 的 3 脚，用万用表合适的直流电压挡测量其电压。

（2）根据电路调试需要准确寻找测量波形等电气参数的测试点。

评价内容 3：将各种仪器仪表与电路的相关测试点（连接点）相连。

评价标准：能够按要求将仪器仪表与电路的相关测试点进行正确连接。

（1）正确调节好直流稳压电源的输出电压，并与电路供电接线端正确连接。

（2）用万用表测量电压。在测量三端集成稳压电路 LM7805 第 3 脚输出电压时，学生能将万用表的红表笔接在 LM7805 的 3 脚，把黑表笔接在接地端。

（3）用示波器测量波形。示波器探头的探针接电路板上的测试点，鳄鱼夹连接电路板的接地端。

评价内容 4：记录数据、电参数及波形。

评价标准：掌握数据记录方法，并能正确记录数据。

（1）采用正确的测量方法，正确识读测量数据，记录被测参数。

（2）正确使用示波器测量正弦交流电波形，正确记录波形。例如，在桥式整流滤波电路中，用示波器测量变压器 T_1 输出的波形，并按要求记录在表 5-1-1 中。

表 5-1-1　波形记录表

波形	频率	幅度
	f=________Hz	$U_{P\text{-}P}$=________V
	量程范围：________	量程范围：________
	________/DIV	________/DIV

① 能正确使用模拟示波器或数字示波器。

② 能正确绘制波形。

③ 能正确选择量程，并从示波器中正确读出波形的峰－峰值、周期，能计算出频率并记录。

评价内容 5：调试过程中的用电安全及仪器设备的操作安全等。

评价标准：能够在调试过程中掌握用电安全规范及仪器设备的操作安全规范。

（1）用电及电路供电的安全。不同的电路供电所要求的电源电压大小不同，电源的类型（交流或直流）不同。若是直流电压，要注意极性，否则会烧坏电路。学生在操作过程中应能按供电要求正确供电，不出现供电及用电的安全问题。

（2）学生仪器使用的安全。在调试过程中不因违规操作而损坏仪器设备。

① 可靠接地。应定期检查测试仪器，确保仪器外壳及可接触的金属部分可靠接地，不带电。凡是金属外壳仪器，必须使用三线插头座，以保证外壳良好接地。电源线应采用双重绝缘的三芯专用线。

② 使用合适的熔丝。测试仪器通电时若熔丝烧断，应更换同规格熔丝管后再通电，不得更换大容量熔丝。更换熔丝时，必须完全断开电源。

③ 确保散热。对带有风扇散热的仪器，如果通电后风扇不转或有故障，应停机检查。

④ 对功耗较大的仪器（大于 500W）断电后，应冷却一段时间后再通电，避免烧断熔丝或损坏仪器。

（3）操作安全措施。在设备调试和仪器使用过程中，必须注意以下事项：

① 防止短路。在接通被测设备的电源前，应检查其电路及连线有无短路等不正常现象；接通电源后，应观察机内有无冒烟、高压打火、异常发热等情况。如有异常现象，则应立即切断电源，查找故障原因，以免故障范围扩大或造成不可修复的故障。修复后再通电调试。

② 严禁带电操作。禁止调试人员带电操作，如果必须与带电部分接触，应使用带有绝缘保护的工具。

③ 做好绝缘措施。在进行高压测试调整前，应做好绝缘安全的准备，工作场地应铺绝缘胶垫，应穿戴绝缘工作鞋、绝缘工作手套等。在接线之前，应先切断电源，待连线及其他准备工作完毕后，再接通电源进行测试与调整。

④ 防静电措施。调试含有 MOS 元器件的电路时必须佩戴防静电腕套。在更换元器件或改变连接线之前，应关掉电源，待滤波电容放电完毕后再进行相应的操作。

⑤ 防止事故发生。调试时除调试人员外，其他无关人员不得随意拨动电源总闸、仪器设备的电源开关及各种旋钮，以免造成事故。

⑥ 切断电源。调试工作结束，在离开工作场所前，切记应关掉整机及调试用仪器设备等电器的电源。

项目二　功能电路及部件的调试

技能教学内容

（1）电路功能划分，电路框图的绘制。

（2）电路中各调节部件的作用及调节方法。

（3）功能电路的调试。

技能教学目标

（1）能把较复杂的电路按功能划分出单元功能电路，画出电路框图，并能说出各功能电路的作用。

（2）能说出各可调节部件的作用并按需要调节。

（3）能将电路中各功能电路调试至最佳状态。

技能评价标准

评价内容 1：按电路功能画出电路框图，并知道各功能电路的作用。

评价标准：能够对常见单元电路进行划分。

能把一些常见的基本电路按功能划分出来。

在桥式整流滤波电路中，能把电路分成变压器降压电路、整流电路和滤波电路，并能找到各功能电路的元器件，知道各元器件的作用。

评价内容 2：说出各调节部件的作用，并根据电路需要进行调节。

评价标准：能够对调节部件进行选取并掌握调节方法。

若电路存在调节部件，能准确标示，并确定其作用，并进行正确调节。例如，电位器的调节；又如，在分压式偏置单管放大电路中，上偏置电位器的作用是调节晶体管的基极电位，调节此电位器即可调节晶体管的静态工作点。常用电位器如图 5-2-1 所示。

（a）电路符号　　（b）实物图

图 5-2-1　常用电位器

评价内容 3：根据功能电路要求进行静态和动态调试。调试顺序一般按信号流向进行。

评价标准：掌握电路静态和动态调试方法。

（1）静态调试。静态调试是指在没有外加信号的条件下，测试电路各点的电位并加以调整，使之达到设计值。例如，在分压式偏置单管放大电路中，先不要输入信号，调节晶体管的基极电位，使它工作在放大状态。

（2）动态调试。静态测试正常后，学生还要能进行动态调试。动态调试是在静态调试的基础上进行的。例如，单管放大电路调试的方法是在电路的输入端接入适当频率和幅值的信号，或利用自身的信号检查各种动态指标是否满足要求，并根据信号的流向逐级检测各有关点的波形、信号幅值、相位关系、频率、放大倍数等参数和性能指标，必要时进行适当的调整，使电路功能正常、各指标达到设计要求。

项目三　整机调试

技能教学内容

（1）整机外观检查。

（2）电路初步调试。

（3）通电检查。

（4）电源调试。

（5）整机统调。

（6）整机技术指标综合测试。

技能教学目标

（1）能根据要求完成外观检查。

（2）能根据电路要求进行电路初步调试。

（3）能正确进行通电检查。

（4）能正确进行电源调试。

（5）能完成整机统调。

（6）能完成整机技术指标综合测试。

技能评价标准

评价内容 1：进行电路外观检查。

评价标准：对装配好的电路板的外观进行检查，看有无外观破损、残缺等，元器件装配是否正确。所焊接的元器件的焊点大小适中、光滑、圆润、干净，无飞边；无漏焊、假焊、虚焊、连焊现象，引脚加工尺寸及成形符合工艺要求；导线长度、剥线头长度符合工艺要求，芯线完好，导线头镀锡。

评价内容 2：进行电路初步调试。

评价标准：正确检查整机元器件装配的可靠性、机械传动部分的调节灵活和到位性。

评价内容 3：对整机进行通电检查。

评价标准：能够按照整机通电检查方法对整机进行通电检查。

先置电源开关于“关”的位置，检查电源开关是否符合要求，输入电压是否正确，然后接上电源，打开电源开关通电。

接通电源时，有条件的应测量整机电流，超出正常值时应先排除故障。通电后电源指示灯亮，此时应注意有无放电、冒烟现象，有无异常气味，若有这些现象，应立即停电检查。另外，还应检查各种开关、控制系统是否起作用，各种散热系统是否正常工作等。

评价内容 4：进行电源电路的调试。

评价标准：能够按照电源电路的调试方法对电源电路进行调试。

电子产品整机中大多有电源电路，调试时首先要进行电源部分的调试，完成后才能进行其他项目的调试。电源调试通常分以下两步进行：

① 电源空载时粗调。电源电路的调试，应在空载状态下进行，切断电源的一切负载后进行粗调。其目的是避免因电源电路异常而造成部分电子元器件损坏。

② 电源加负载时细调。在粗调正常的情况下，加上定额负载，再测量各项性能指标，观察是否符合设计要求，当达到要求的最佳值时，锁定有关调整元器件（如电位器等），使电源电路达到加负载时所需要的最佳功能状态。

评价内容 5：进行整机统调。

评价标准：能够按照整机统调方法进行整机统调。

各部件及各功能电路调整好之后，接通所有的部件及电路板的电源，进行整机统调。重点检查各部分电路是否工作正常，机械结构是否灵活、到位，电路功能是否正常。整机电路调整好之后，测试整机总电流。

评价内容 6：进行整机技术指标综合测试。

评价标准：能够按照整机技术指标综合测试方法进行整机技术指标综合测试。

经过调整和测试，固定元器件后，再进行全部参数测试，测试结果均应达到技术指标的要求。

模块六　电路的分析与检修

技能教学内容

基础知识

（1）整流滤波电路，包括桥式整流电容滤波电路的组成、电路原理图及电路工作原理，电路中元器件的作用，使用仪器检测和维修桥式整流滤波电路的方法。

（2）单管放大电路，包括分压式偏置单管放大电路的组成、电路原理图及工作原理，电路中元器件的作用，使用仪器检测和维修分压式偏置单管放大电路的方法。

（3）射极跟随电路，包括射极跟随电路的组成、电路原理图及工作原理，电路中元器件的作用，使用仪器检测和维修射极跟随电路的方法。

（4）可调式三端集成稳压电路，包括可调式三端集成稳压电路的组成、电路原理图及工作原理，电路中元器件的作用，使用仪器检测和维修可调式三端集成稳压电路的方法。

（5）功率放大电路，包括功率放大电路的组成、电路原理图及工作原理，电路中元器件的作用，使用仪器检测和维修功率放大电路的方法。

（6）路灯控制电路，包括路灯控制电路的组成、电路原理图及工作原理，电路中元器件的作用，使用仪器检测和维修路灯控制电路的方法。

（7）循环灯电路，包括循环灯电路的组成、电路原理图及工作原理，电路中元器件的作用，使用仪器检测和维修循环灯电路的方法。

（8）方波三角波发生器电路，包括方波三角波发生器电路的组成、电路原理图及工作原理，电路中元器件的作用，使用仪器检测和维修方波三角波发生器电路的方法。

（9）抢答器电路，包括抢答器电路的组成、电路原理图及工作原理，电路中元器件的作用，使用仪器检测和维修抢答器电路的方法。

基本技能

（1）能够识读桥式整流电容滤波电路原理图，分析电路工作原理；使用仪器检测桥式整流电容滤波电路，根据故障现象判断电路故障原因并完成维修。

（2）能够识读单管放大电路原理图，分析电路工作原理；使用仪器检测分压式偏置单管放大电路，根据故障现象判断电路故障原因并完成维修。

（3）能够识读射极跟随电路原理图，分析电路工作原理；使用仪器检测射极跟随电路，根据故障现象判断电路故障原因并完成维修。

（4）能够识读可调式三端集成稳压电路原理图，分析电路工作原理；使用仪器检测可调式三端集成稳压电路，根据故障现象判断电路故障原因并完成维修。

（5）能够识读功率放大电路原理图，分析电路工作原理；使用仪器检测功率放大电路，根据故障现象判断电路故障原因并完成维修。

（6）能够识读路灯控制电路原理图，分析电路工作原理；使用仪器检测路灯控制电路，根据故障现象判断电路故障原因并完成维修。

（7）能够识读循环灯电路原理图，分析电路工作原理；使用仪器检测循环灯电路，根据故障现象判断电路故障原因并完成维修。

（8）能够识读方波三角波发生器电路原理图，分析电路工作原理；使用仪器检测方波三角波电路，根据故障现象判断电路故障原因并完成维修。

（9）能够识读抢答器电路原理图，分析电路工作原理；使用仪器检测抢答器电路，根据故障现象判断电路故障原因并完成维修。

项目一　桥式整流电容滤波电路的分析与检修

技能教学内容

（1）桥式整流电容滤波电路的组成结构。

（2）桥式整流电容滤波电路的工作原理。

（3）检测和维修桥式整流电容滤波电路的方法。

技能教学目标

（1）能正确理解电路中元器件的作用。

（2）能正确绘制桥式整流电容滤波电路的原理图。

（3）能正确检测电路参数。

（4）能根据故障现象判断电路故障原因并完成维修。

技能评价标准

评价内容 1：识读桥式整流电容滤波电路原理图，并绘制出电路图。

评价标准：能够正确绘制桥式整流电容滤波电路原理图，或能够补充完整电路原理图（图 6-1-1）。

评价内容 2：描述电路中元器件的作用。

评价标准：

（1）正确阐述电源变压器 T 的作用。电源变压器的主要作用是改变交流电压的大小。

（2）正确阐述二极管的作用。二极管的作用是整流，即利用单向导电性将交流电变为直流电。

（3）正确阐述电容 C 的作用。电容 C 的作用是滤波，即将脉动直流电中的脉动分量滤除变为平滑直流电。

评价内容 3：分析电路工作原理。

评价标准：能够正确阐述桥式整流电容滤波电路工作原理，或能根据引导分析电路工作原理。

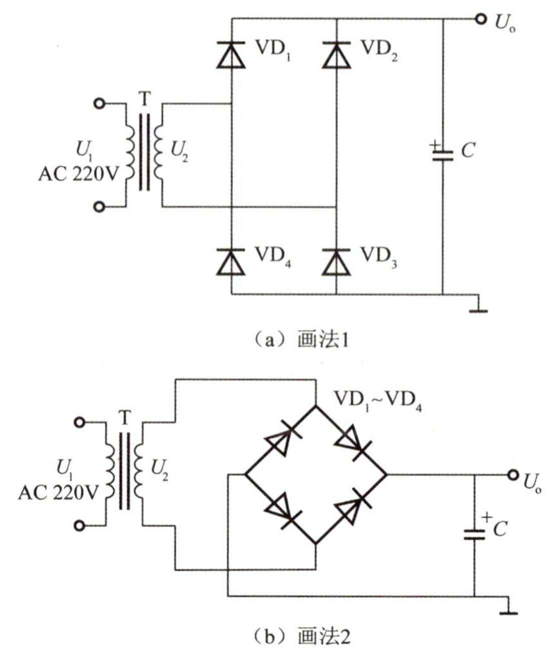

图 6-1-1　桥式整流滤波电路原理图

电路的工作原理如下：输入的交流电压 U_1 通过电源变压器降压后，变为合适的交流电压 U_2，进入由四个整流二极管组成的桥式整流电路；利用二极管的单向导电性，在交流电压 U_2 的正半周内，二极管 VD_1、VD_3 导通，VD_2、VD_4 截止，在电容 C 得到上正下负的直流电压；在负半周内，正好相反，VD_1、VD_3 截止，VD_2、VD_4 导通，电容 C 上得到的电压与正半周一致；C 上的脉动直流电压通过电容的滤波，便得到了平滑的直流电压 U_o 输出。

评价内容 4：根据电路现象分析故障原因，并完成检修。

评价标准：使用仪器完成带负载的桥式整流电容滤波电路（图 6-1-2）测试和故障检修。

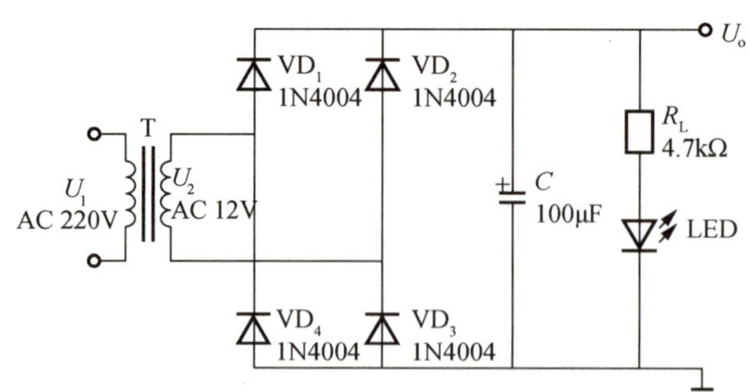

图 6-1-2　带负载的桥式整流电容滤波电路

（1）接通电源时，LED 正常点亮。

学生能够使用万用表测出电路正常工作时的电压 U_2 和 U_o，测试 U_2 应使用交流电压挡，电压约为 12V，测试 U_o 应使用直流电压挡，电压约为 15V；能够使用示波器观测 U_o 波形。

（2）接通电源时，变压器 T 发热非常厉害，甚至冒烟，LED 不亮。

学生能够从现象中分析存在以下原因：①变压器次级短路；②桥式整流电路中某二极管接反；③电容 C 短路。

判断出故障原因后，使用仪器检查相应的故障位置，完成电路检修：将短路的线路断开或更换元器件。

（3）接通电源时，变压器 T 温度正常，LED 不亮。

学生能够使用万用表检查线路，检测输出电压 U_o 为 0，分析存在以下原因：①变压器次级开路；②桥式整流电路开路；③电路回路中线路断开。

判断出故障原因后，使用仪器检查相应的故障位置，完成电路检修：连接开路的线路或更换元器件。

（4）接通电源时，变压器 T 正常，LED 微亮。

学生能够使用万用表检查线路，检查出输出电压 U_o 有一定大小，分析存在以下原因：①电容 C 开路；②桥式整流电路中某一个二极管开路。

判断出故障原因后，使用仪器检查相应的故障位置，完成电路检修：连接开路的线路或更换元器件。

项目二　分压式偏置单管放大电路的分析与检修

技能教学内容

（1）分压式偏置单管放大电路的组成结构。

（2）分压式偏置单管放大电路的工作原理。

（3）检测和维修分压式偏置单管放大电路的方法。

技能教学目标

（1）能正确理解电路中元器件的作用。

（2）能正确绘制分压式偏置单管放大电路的原理图。

（3）能正确检测电路参数。

（4）能根据故障现象判断电路故障原因并完成维修。

技能评价标准

评价内容 1：识读分压式偏置单管放大电路原理图并绘制电路图。

评价标准：正确绘制分压式偏置单管放大电路的原理图，或能够补充完整电路原理图（图 6-2-1）。

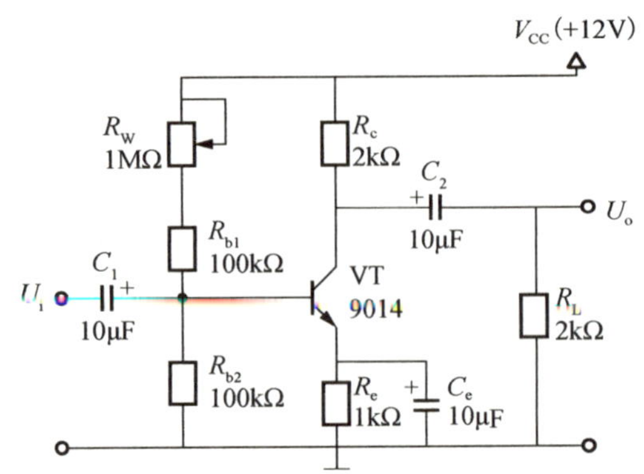

图 6-2-1　分压式偏置单管放大电路原理图

评价内容 2：描述电路中元器件的作用。

评价标准：

（1）能够阐述晶体管 VT 的作用。

晶体管的主要作用是进行电流放大，组成放大电路之后将微弱的输入电压放大为较大的输出电压。

（2）能够阐述电位器 R_W 的作用。

R_W 的作用是调节放大电路的静态工作点，使放大器处于合适的静态工作点，避免放大电路产生失真。

（3）能够阐述电容 C_1、C_2 的作用。

电容 C_1、C_2 的作用是隔直流、通交流，使放大的交流信号能够有效传输，同时阻止电源产生的直流信号进入放大器的输入端和输出端，避免信号源和负载受到影响。

（4）能够阐述电阻 R_e 的作用。

电阻 R_e 的作用是形成直流负反馈，稳定放大器静态工作点。

（5）能够阐述电容 C_e 的作用。

电容 C_e 的作用是隔直流、通交流，在交流放大时，将 R_e 短路。

评价内容 3：分析电路的工作原理。

评价标准：能够正确阐述分压式偏置单管放大电路的工作原理，或能根据引导补充完整电路。

电路工作原理分析如下：接通直流电源，调节电位器 R_W，使晶体管处于合适的静态工作点（将 VT 的集电极电位调节在 4 ～ 8V）。当 R_W 调节好，处于某一固定位置时，此时 VT 的基极电位 U_{BQ} 为 R_W、R_{b1} 与 R_{b2} 的分压，U_{BQ} 使 VT 产生一个固定的电流输出，VT 的集电极便得到一个固定的电压 U_{CQ}。U_{CQ} 的大小由 R_W 调节，R_W 调大时，U_{CQ} 变大，反之 U_{CQ} 变小。

待放大的交流信号 U_i 通过耦合电容 C_1 进入晶体管 VT，VT 将该信号放大，再通过耦合电容 C_2 送到负载，负载便得到了放大的交流输出信号 U_o，输出信号 U_o 与输入信号 U_i 反相。

评价内容 4：根据电路现象分析故障原因，并完成检修。

评价标准：能够根据图 6-2-1 所示分压式偏置单管放大电路，使用仪器完成电路测试和故障检修。

（1）接通直流电源，并在输入端送入电压幅值较低的交流电压信号时，U_o 有正常的放大信号输出。

学生能够使用万用表测出电路的静态工作电压 U_{BQ} 和 U_{CQ}，使用电子毫伏表测出电路正常工作时的输出电压 U_o，使用示波器观测电路的输入信号 U_i 与输出信号 U_o 的波形。

（2）接通直流电源，接入电压幅值较低的输入信号时，示波器观测到输出信号波形顶部失真（变平）。

学生能够从测量结果中判断放大电路处于截止失真状态，此时 I_{BQ} 过小，U_{CQ} 过大。分析存在以下原因：① R_W 调节不当；② R_{b2} 短路。

判断出故障原因后，完成电路检修：将 R_W 调小，使 U_{CQ} 变小，或将短路的线路断开。

（3）接通直流电源，接入电压幅值较低的输入信号时，示波器观测到输出信号波形底部失真（变平）。

学生能够从测量结果中判断放大电路处于饱和失真状态，此时 I_{BQ} 过大，U_{CQ} 过小。分析存在以下原因：① R_W 调节不当；② R_{b2} 开路。

判断出故障原因后，完成电路检修：将 R_W 调大，使 U_{CQ} 变大，或将开路的线路连通。

项目三　射极跟随器的分析与检修

技能教学内容

（1）射极跟随器的组成结构。

（2）射极跟随器的工作原理。

（3）检测和维修射极跟随器的方法。

技能教学目标

（1）能正确理解电路中元器件的作用。

（2）能正确绘制射极跟随器电路的原理图。

（3）能正确检测电路参数。

（4）能根据故障现象判断电路故障原因并完成维修。

技能评价标准

评价内容 1：识读射极跟随器电路原理图并正确绘制电路图。

评价标准：能够正确绘制射极跟随器电路原理图（图 6-3-1），或能够补充完整电路原理图。

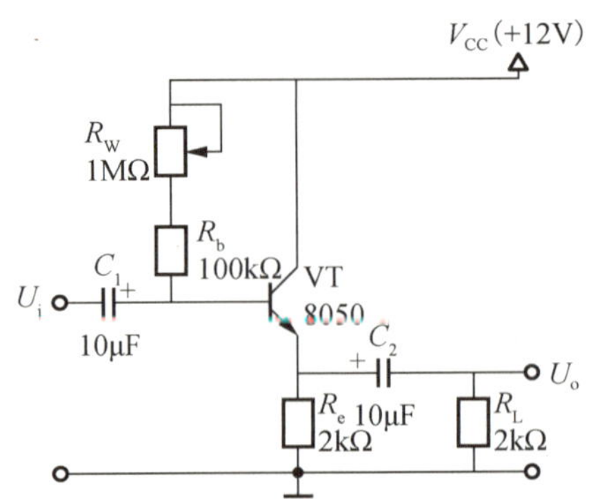

图 6-3-1　射极跟随器电路原理图

评价内容 2：描述电路中元器件的作用。

评价标准：

（1）能够阐述晶体管 VT 的作用。

晶体管的主要作用是进行电流放大，组成射极跟随器之后将微弱的输入电流放大为较大的输出电流。

（2）能够阐述电位器 R_W 的作用。

R_W 的作用是调节放大电路的静态工作点，使放大器处于合适的直流状态，避免放大电路产生失真。

（3）能够阐述电容 C_1、C_2 的作用。

电容 C_1、C_2 的作用是隔直流、通交流，使放大的交流信号能够有效传输，同时阻隔电源产生的直流信号进入放大器的输入端和输出端，避免信号源和负载受到影响。

（4）能够阐述电阻 R_e 的作用。

电阻 R_e 的作用是作为发射极偏置电阻。

评价内容 3：分析电路工作原理。

评价标准：能够正确阐述射极跟随器工作原理，或能根据引导补充完整电路。

电路工作原理分析如下：接通直流电源，调节电位器 R_W，使晶体管处于合适的静态工作点，VT 的发射极便得到一个固定的电压 U_{EQ}。U_{EQ} 的大小由 R_W 调节，R_W 调大时，U_{EQ} 变小，反之 U_{EQ} 变大。

待放大的交流信号 U_i 通过耦合电容 C_1 进入晶体管 VT，VT 因采用共集电极接法，没有电压放大能力，没有经过放大的信号再通过耦合电容 C_2 送到负载，负载上得到输出电压 U_o，$U_o \approx U_i$，同时 U_o 与 U_i 同相。射极跟随器没有电压放大能力，但具有较强的电流放大能力。

评价内容 4：根据电路现象分析故障原因，并完成检修。

评价标准：能够根据图 6-3-1 所示射极跟随器，使用仪器完成电路测试和故障检修。

（1）接通直流电源，能够使用万用表测出电路的静态工作电压 U_{BQ} 和 U_{EQ}；在输入端送入电压幅值合适的交流电压信号时，U_o 有正常的信号输出。

学生应会使用电子毫伏表（或数字示波器）测出电路正常工作时的输出电压 U_o，使用示波器观测电路的输入信号 U_i 与输出信号 U_o 的波形。

（2）接通直流电源，接入电压幅值合适的输入信号时，示波器观测到输出信号波形顶部失真（变平）。

学生能够从测量结果中判断放大电路处于饱和失真状态，此时 I_{BQ} 过大，U_{EQ} 过大。分析存在以下原因：① R_W 调节不当；② R_b 短路。

判断出故障原因后，完成电路检修：将 R_W 调大，使 U_{EQ} 变小，或将短路的线路断开。

（3）接通直流电源，接入电压幅值合适的输入信号时，示波器观测到输出信号波形底部失真（变平）。

学生能够从测量结果中判断放大电路处于截止失真状态，此时 I_{BQ} 过小，U_{EQ} 过小。分析存在以下原因：① R_W 调节不当；② R_b 开路。

判断出故障原因后，完成电路检修：将 R_W 调小，使 U_{EQ} 变大，或将开路的线路连通。

项目四　可调式三端集成稳压电路的分析与检修

技能教学内容

（1）可调式三端集成稳压电路的组成结构。

（2）可调式三端集成稳压电路的工作原理。

（3）检测和维修可调式三端集成稳压电路的方法。

技能教学目标

（1）能正确理解电路中元器件的作用。

（2）能正确绘制可调式三端集成稳压电路原理图。

（3）能正确检测电路参数。

（4）能根据故障现象判断电路故障原因并完成维修。

技能评价标准

评价内容 1：识读可调式三端集成稳压电路原理图并绘制出电路图。

评价标准：能够正确绘制可调式三端集成稳压电路原理图（图 6-4-1），或能够补充完整电路原理图。

评价内容 2：描述电路中元器件的作用。

评价标准：

（1）能够阐述集成稳压器 IC（LM317）的作用。

IC（LM317）是一种可调式集成稳压器，输入平滑直流电压，输出稳定的直流电压。

（2）能够阐述电位器 R_W 的作用。

R_W 的作用是调节 IC（LM317）调整端 A_{dj} 的电位，从而调节输出电压 U_o 的大小。

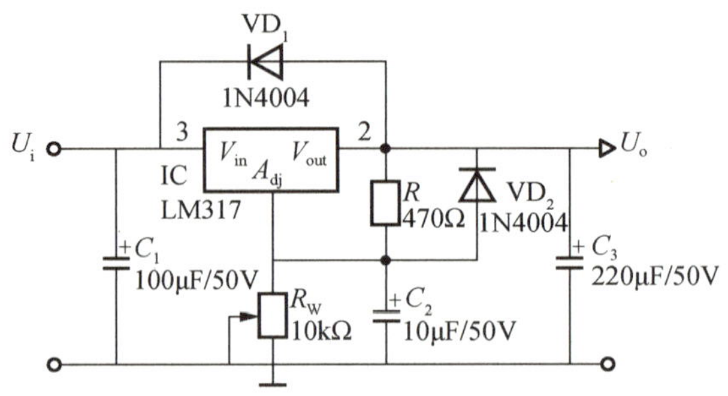

图 6-4-1　可调式三端集成稳压电路原理图

（3）能够阐述电容 C_3 的作用。

电容 C_3 的作用是进行二次滤波，使电路输出更加平滑稳定的直流电压。

（4）能够阐述电阻 VD_1、VD_2 的作用。

VD_1、VD_2 为保护二极管，VD_1 的作用是防止因短路而损坏集成稳压器；VD_2 的作用是防止稳压器输出端短路而损坏集成稳压器。

评价内容 3：分析电路工作原理。

评价标准：能够正确阐述可调式三端集成稳压电路的工作原理，或能根据引导补充完整电路。

电路工作原理分析如下：电路接入直流电，经过电容 C_1 滤波为平滑直流电，进入集成稳压器 IC（LM317）3 脚，IC 输出端（2 脚）与调整端（1 脚）之间的电压保持在 1.25V，同时 IC 输出端与地之间由 R 和 R_W 形成分压电阻，IC 调整端 A_{dj} 的电位即 R_W 上的分压，此时调节电位器 R_W，改变 IC 调整端 A_{dj} 的电位，从而调节输出电压 U_o 的大小，U_o 再经过 C_3 的二次滤波，变为更加平滑稳定的直流电压输出。

评价内容 4：根据电路现象分析故障原因，并完成检修。

评价标准：根据图 6-4-1 所示的可调式三端集成稳压电路，使用仪器完成电路测试和故障检修。

（1）电路输入端接入直流电，输出端有合适的稳定电压输出。

学生能够使用万用表测出电路的输出电压 U_o 大小。

（2）电路输入端接入直流电，使用万用表测得输出端的电压输出过低。

学生能够从测量结果中分析存在以下原因：① R_W 调节不当；② R_W 短路。

判断出故障原因后，完成电路检修：将 R_W 调大，提升 IC 调整端 A_{dj} 的电位，使 U_o 升高，或将短路的线路断开。

（3）电路输入端接入直流电，使用万用表测得输出端的电压输出过高。

学生能够从测量结果中分析存在以下原因：R_W 调节不当。

判断出故障原因后，完成电路检修：将 R_W 调小，降低 IC 调整端 A_{dj} 的电位，使 U_o 下降。

项目五　集成功率放大电路的分析与检修

技能教学内容

（1）集成功率放大电路的组成结构。

（2）集成功率放大电路的工作原理。

（3）检测和维修集成功率放大电路的方法。

技能教学目标

（1）能正确理解电路中元器件的作用。

（2）能正确绘制集成功率放大电路原理图。

（3）能正确检测电路参数。

（4）能根据故障现象判断电路故障原因并完成维修。

技能评价标准

评价内容 1：识读集成功率放大电路原理图并绘制电路图。

评价标准：能够正确绘制集成功率放大电路原理图（图 6-5-1），或能够补充完整电路原理图。

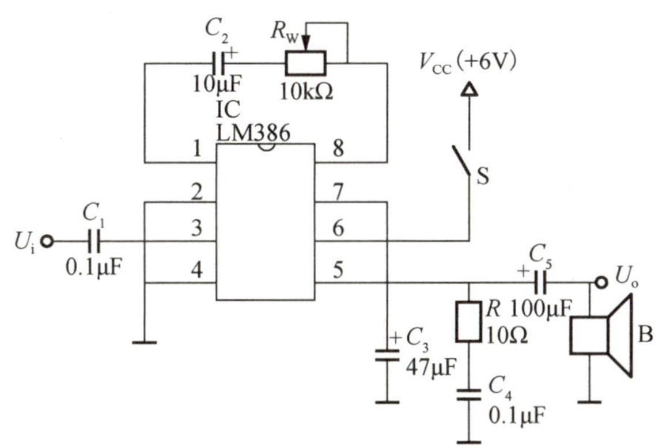

图 6-5-1　集成功率放大电路原理图

评价内容 2：描述电路中元器件的作用。

评价标准：

（1）能够阐述集成功率放大器 IC（LM386）的作用。

IC（LM386）是一种小功率音频放大集成电路，对输入信号进行检波及功率放大。

（2）能够阐述电位器 R_W 的作用。

R_W 的作用是调节功率放大器的功率放大增益，从而调节输出电压 U_o 的大小。

（3）能够阐述电阻器 R、电容器 C_4 的作用。

R、C_4 构成串联补偿网络，以防止高频自激和过电压现象。

（4）能够阐述电容 C_3 的作用。

电容 C_3 为去耦合电容，作用是提高纹波抑制能力，消除低频自激。

评价内容 3：简要分析电路工作原理。

评价标准：能够正确阐述集成功率放大电路的工作原理，或能根据引导补充完整电路原理图。

电路工作原理分析如下：接通直流电源，待放大的交流信号 U_i 通过耦合电容 C_1，由 3 脚进入集成功率放大器 IC（LM386），IC 对输入信号进行检波及功率放大，放大后信号由 5 脚输出推动扬声器发声。调节 R_W，可改变功率放大器的功率放大增益，从而调节扬声器的音量大小。

评价内容 4：根据电路现象分析故障原因，并完成检修。

评价标准：根据下面由集成功率放大器（LM386）组成的单片收音机电路（图 6-5-2），使用仪器完成电路测试和故障检修。

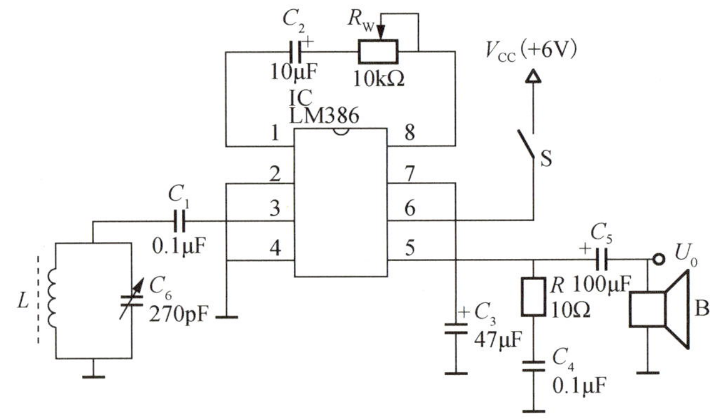

图 6-5-2　单片收音机电路

（1）电路接通电源，调节 L、C_6 组成的调谐回路，选择要收听的电台信号，扬声器正常播放电台节目声音。

学生能够使用示波器观测 U_o 波形。

（2）接通电源，扬声器没有发声。

学生能够从现象中分析存在以下原因：①L、C_6 组成的调谐回路开路或元器件损坏；②IC（LM386）损坏或线路开路；③电容 C_5 开路。

判断出故障原因后，使用仪器检查相应的故障位置，完成电路检修：将开路的线路连接好或更换元器件。

（3）接通电源，扬声器发出尖啸声。

学生能够从测量结果中分析存在以下原因：R、C_4 网络开路或元器件损坏。

判断出故障原因后，完成电路检修：将 R、C_4 网络线路连接好或更换元器件。

（4）接通电源，扬声器音量不能调节。

学生能够从测量结果中分析存在以下原因：C_2、R_W 支路开路或元器件损坏。

判断出故障原因后，完成电路检修：将 C_2、R_W 线路连接好或更换元器件。

项目六　路灯控制电路的分析与检修

技能教学内容

（1）路灯控制电路的组成结构。

（2）路灯控制电路的工作原理。

（3）检测和维修路灯控制电路的方法。

技能教学目标

（1）能正确理解电路中各主要元器件的作用。

（2）能正确理解或绘制路灯控制电路原理图。

（3）能正确检测电路关键点的参数。

（4）能根据故障现象判断电路故障原因并完成维修。

技能评价标准

评价内容 1：识读路灯控制电路原理图并绘制电路图。

评价标准：能够正确绘制路灯控制电路原理图（图 6-6-1），或能够补充完整电路原理图。

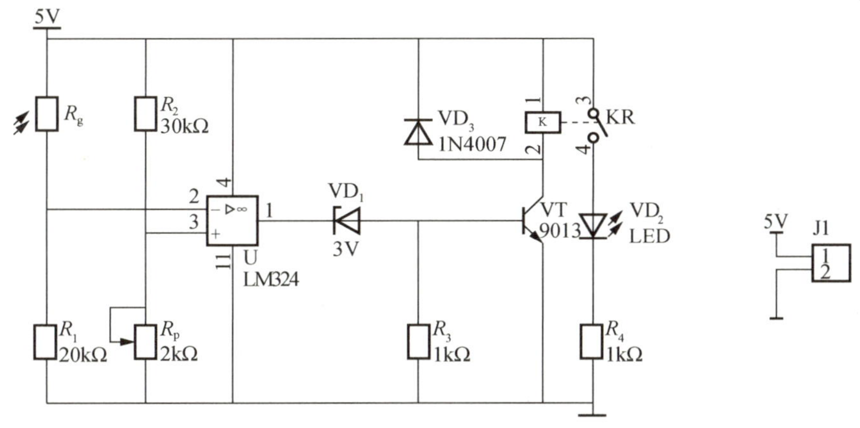

图 6-6-1　路灯控制电路原理图

评价内容 2：描述电路中各主要元器件的作用。

评价标准：

（1）能够阐述光敏电阻 R_g 的作用。

光敏电阻的主要作用是光线强，阻值小；光线弱，阻值大。

（2）能够阐述集成运算放大器 LM324 的作用和关键引脚功能。

集成运算放大器 LM324 的作用是由运算放大器组成电压比较器，构成光电控制电路，在无光时输出高电平驱动晶体管工作。其中，1 脚为输出端，2 脚为反相输入端，3 脚为同相输入端，4 脚为电源端，11 脚为接地端。

（3）能够阐述继电器 KR 的作用。

继电器 KR 的作用是自动控制执行，即当继电器中线圈有电流流过，常开触点吸合，从而使 VD_2 发光。

（4）能够阐述二极管 1N4007 的作用。

二极管 1N4007 的作用是防止继电器对驱动晶体管造成伤害，即继电器线圈断电瞬间，吸收产生的反峰脉冲，并给这个脉冲一个释放通道。

（5）能够阐述电位器 R_P 的作用。

电位器 R_P 的作用是调节集成运算放大器 LM324 同相端输入电压值，即其与电阻 R_2 组成分压电路，为集成运算放大器 LM324 同相端设定一个电压，并与电阻 R_1 和光敏电阻 R_g 组成的分压电路设定的集成运算放大器 LM324 反相端电压进行比较，从而决定光线强弱控制路灯的起控点。

评价内容 3：分析电路工作原理。

评价标准：能够正确阐述路灯控制电路工作原理。

电路工作原理分析如下：由集成运算放大器 LM324 和光敏电阻 R_g、电阻 R_1、R_2 和电位器 R_P 组成的电压比较器，当白天光敏电阻 R_g 受光照强而电阻值很小时，集成运算放大器 LM324 反相端输入电压高于同相端输入电压，集成运算放大器 LM324 输出端为低电平，从而使晶体管 VT 截止，继电器 KR 线圈不通电，常开触点不动作，发光二极管 VD_2 不亮；当夜晚光敏电阻 R_g 受光照弱而电阻值很大时，集成运算放大器 LM324 反相端输入电压低于同相端输入电压，集成运算放大器 LM324 输出端为高电平，稳压二极管 VD_1 反向击穿，从而使晶体管 VT 饱和，继电器 KR 线圈通电，常开触点动作吸合，发光二极管 VD_2 工作发光。

评价内容 4：根据电路现象分析故障原因，并完成检修。

评价标准：能够根据路灯控制电路（图 6-6-1），使用仪器完成电路测试和故障检修。

（1）接通电源时，强光照射光敏电阻 R_g，VD_2 正常应不亮；用手完全遮住光敏电阻 R_g，VD_2 正常应发光。

学生能够在实际测试环境中，根据当时环境光照强度，调整电位器 R_P 到合适位置，完成整个测试过程。

（2）接通电源时，强光照射光敏电阻 R_g，VD_2 发光。

学生能够从现象中分析存在以下原因：①光敏电阻 R_g 损坏或电位器 R_P 位置调整不当，导致集成运算放大器 LM324 反相端输入电压低于同相端输入电压；②晶体管 VT 的 c、e 之间内部短路；③继电器 KR 常开开关损坏。

判断出故障原因后，使用仪器检查相应的故障位置，完成电路检修：检查修复线路、焊点，更换损坏的元器件或调整电位器 R_P。

（3）接通电源时，用手完全遮住光敏电阻 R_g，VD_2 不亮。

学生能够从现象中分析存在以下原因：①光敏电阻 R_g 损坏或电位器 R_P 位置调整不当，导致集成运算放大器 LM324 反相端输入电压高于同相端输入电压；②晶体管 VT 的 c、e 之间内部开路；③继电器 KR 线圈内部开路或常开触点损坏不能闭合；④无直流电源供电。

判断出故障原因后，使用仪器检查相应的故障位置，完成电路检修：检查修复线路、焊点、插接口，更换损坏的元器件或调整电位器 R_P。

项目七　循环灯电路的分析与检修

技能教学内容

（1）循环灯电路的组成结构。

（2）循环灯电路的工作原理。

（3）检测和维修循环灯电路的方法。

技能教学目标

（1）能正确理解电路中各主要元器件的作用。

（2）能正确理解或绘制循环灯电路原理图。

（3）能正确检测电路关键点参数。

（4）能根据故障现象判断电路故障原因并完成维修。

技能评价标准

评价内容 1：识读由集成电路 CD4017 和 NE555 组成的 6 盏循环灯电路原理图并绘制电路图。

评价标准：能够正确绘制循环灯电路原理图（图 6-7-1），或能够补充完整电路原理图。

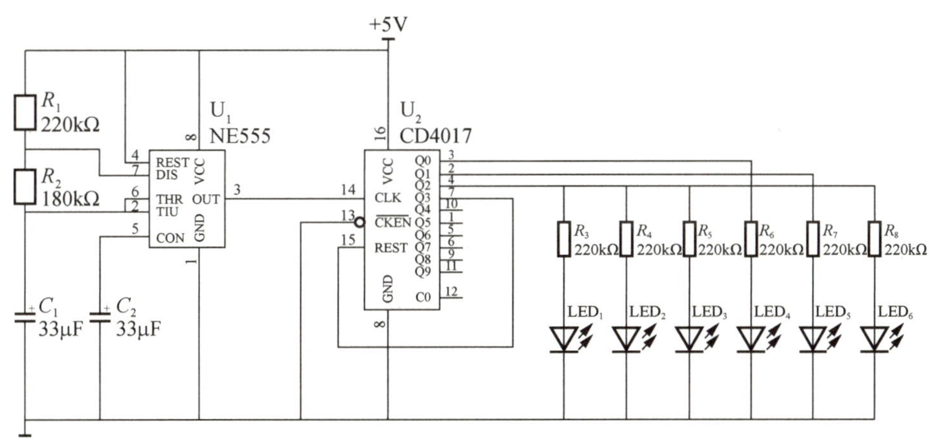

图 6-7-1　循环灯电路原理图

评价内容 2：描述电路中各主要元器件的作用。

评价标准：

（1）能够阐述集成电路 NE555 的作用和关键引脚的功能。

NE555 的主要作用是组成 NE555 时基电路构成多谐振荡器并输出脉冲作为下一级的时钟信号。其中 2 脚为低触发端，3 脚为输出端，5 脚为控制电压端，6 脚为高触发端，7 脚为放电端。

（2）能够阐述集成电路 CD4017 的作用和关键引脚功能。

CD4017 是一个十进制计数 / 分频集成电路，其内部由计数器及译码器两部分组成。

其由译码器实现对输入脉冲信号的分配，输出端依次出现与时钟同步的高电平，宽度等于时钟周期，从而驱动发光二极管工作。其中2、3、4、7脚为输出端，14脚为上升沿有效时钟脉冲输入端，15脚为复位端。

（3）能够阐述电阻 R_2 和电容 C_1 的作用。

电阻 R_2 和电容 C_1 的作用是控制NE555组成的多谐振荡器输出脉冲的频率，最终反映在六个发光二极管上，控制六个二极管循环发光的速率。

评价内容3：分析电路工作原理。

评价标准：能正确阐述集成电路CD4017和NE555组成的六盏循环灯电路的工作原理。

其工作原理分析如下：由NE555和电阻 R_1、R_2，电容 C_1、C_2 等组成多谐振荡器，产生的计数脉冲由3脚送给CD4017，由CD4017构成的计数器在计数脉冲的作用下开始计数，从输出端Q0～Q3轮流输出高电平，LED_1～LED_6（六个发光二极管每两个为一组，其中 LED_1 与 LED_4 为一组，LED_2 与 LED_5 为一组，LED_3 与 LED_6 为一组）逐次点亮，形成流水效果，并且循环往复。其中，当7脚输出端Q3输出高电平时，接入15脚，计数器电路复位，即3脚输出端Q0重新输出高电平。

评价内容4：根据电路现象分析故障原因，并完成检修。

评价标准：能够根据集成电路CD4017和NE555组成的六盏循环灯电路（图6-7-1），使用仪器完成电路测试和故障检修。

（1）接通电源时，六个发光二极管每两个为一组，逐次点亮，形成流水效果。

学生能够记录每组发光二极管点亮时间间隔，理解 R_2 和 C_2 如何控制充放电时间并验证。

（2）接通电源时，六个流水灯都没有正常点亮。

学生能够从现象中分析存在以下原因：①电路板线路是否开路或虚焊；② CD4017集成电路内部损坏；③无直流电源供电；④ NE555多谐振荡电路不起振。

判断出故障原因后，使用仪器检查相应的故障位置，完成电路检修：检查修复线路、焊点，更换损坏的元器件。

（3）接通电源时，六个流水灯只有部分能正常点亮并循环。

学生能够从现象中分析存在以下原因：①不亮的发光二极管安装错误或损坏；②不亮的发光二极管相连接部分的线路或焊点有问题。

判断出故障原因后，使用仪器检查相应的故障位置，完成电路检修：检查修复线路、焊点，更换损坏的元器件或重新安装发光二极管。

项目八　方波三角波发生器电路的分析与检修

技能教学内容

（1）方波三角波发生器电路的组成结构。

（2）方波三角波发生器电路的工作原理。

（3）检测和维修方波三角波发生器电路的方法。

技能教学目标

（1）能正确理解电路中各主要元器件的作用。

（2）能正确理解或绘制方波三角波发生器电路原理图。

（3）能正确检测电路关键点参数。

（4）能根据故障现象判断电路故障原因并完成维修。

技能评价标准

评价内容 1：识读由集成运算放大器 LM4558 组成的方波三角波发生器电路原理图并绘制电路图。

评价标准：能够正确绘制方波三角波发生器电路原理图（图 6-8-1），或能够补充完整电路原理图。

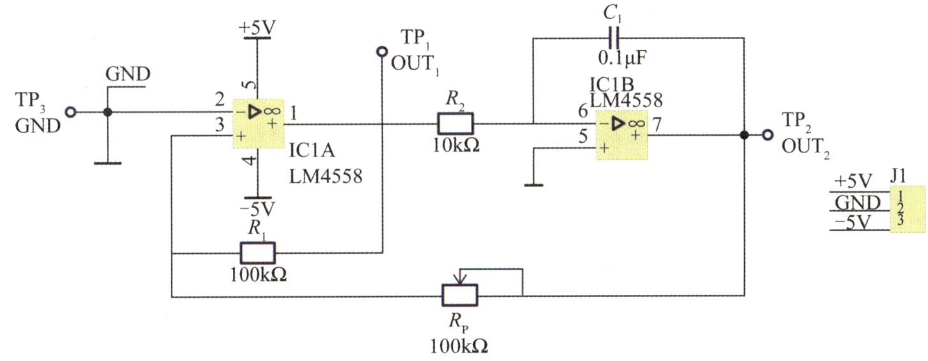

图 6-8-1　方波三角波发生器电路

评价内容 2：描述电路中各主要元器件的作用。

评价标准：

（1）能够阐述集成运算放大器 LM4558 的作用和关键引脚功能。

LM4558 是双运算放大器集成，它的主要作用是构成电压比较器和积分器。其中 1、7 脚为输出端，2、6 脚为反相输入端，3、5 脚为同相输入端。

（2）能够阐述电阻 R_2 和电容 C 的作用。

电阻 R_2 和电容 C 的作用是构成 RC 积分器的外围元件，两个元件的参数决定了积分器的时间常数。

（3）能够阐述电位器 R_P 的作用。

电位器 R_P 的作用是形成正反馈，将积分器的输出端接入比较器的同相输入端，调整其参数可以改变输出方波和三角波的频率。

评价内容 3：分析电路工作原理。

评价标准：能够正确阐述集成运算放大器 LM4558 组成的方波三角波发生器电路工作原理。

其工作原理分析如下：由 LM4558 内部一个运算放大器和电阻 R_1 组成同相电压比较

器，运算放大器的 2 脚反相端 U_- 接基准电压（接地），3 脚同相端 U_+ 接输入电压进行比较，当比较器的 $U_-=U_+=0$ 时，比较器进行状态翻转，1 脚输出从高电平跳到低电平，或从低电平跳到高电平，从而输出方波。方波信号送入由 LM4558 内部另一个运算放大器和电阻 R_2、C 组成的反相 RC 积分器 6 脚后，7 脚输出一个上升速度和下降速度相等的三角波。三角波通过电位器 R_P 送回 LM4558 的 3 脚同相端，形成正反馈。

评价内容 4：根据电路现象分析故障原因，并完成检修。

评价标准：能够根据集成运算放大器 LM4558 组成的方波三角波发生器电路（图 6-8-1），使用仪器完成电路测试和故障检修。

（1）接通电源时，产生正常的方波和三角波。

学生能够使用双踪示波器同时观察方波和三角波的波形，调节电位器 R_P，并能从示波器中观察出波形频率的变化。

（2）接通电源时，方波和三角波都不能产生。

学生能够从现象中分析存在以下原因：①电路板线路是否开路或虚焊；②电路不起振；③无直流电源供电。

判断出故障原因后，使用仪器检查相应的故障位置，完成电路检修：检查修复线路、焊点或插件口，更换损坏的元器件。

（3）接通电源时，方波和三角波都能产生，但不能调整频率。

学生能够从现象中分析存在以下原因：电位器接法错误或内部短路。

判断出故障原因后，使用仪器检查相应的故障位置，完成电路检修：检查修复电位器 R_P。

项目九 抢答器电路的分析与检修

技能教学内容

（1）抢答器电路的组成结构。

（2）抢答器电路的工作原理。

（3）检测和维修抢答器电路的方法。

技能教学目标

（1）能正确理解电路中各主要元器件的作用。

（2）能正确理解或绘制抢答器电路原理图。

（3）能正确检测电路关键点参数。

（4）能根据故障现象判断电路故障原因并完成维修。

技能评价标准

评价内容 1：识读由集成电路 CD4511、NE555 和数码管组成的抢答器电路原理图并绘制出电路图。

评价标准：能够正确绘制抢答器电路原理图（图 6-9-1），或能够补充完整电路原理图。

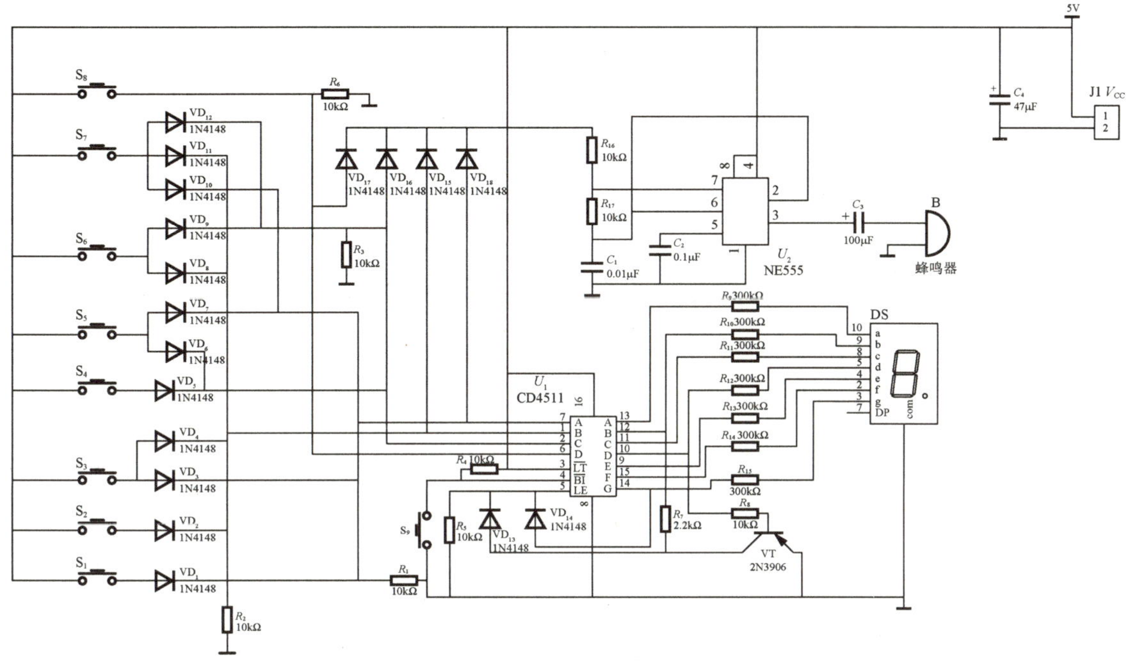

图 6-9-1　抢答器电路原理图

评价内容 2：描述电路中各主要元器件的作用。

评价标准：

（1）能够阐述集成电路 CD4511 的作用和关键引脚功能。

CD4511 的主要作用是驱动共阴极 LED（数码管）显示器的 BCD 码——七段码译码器。其中 1、2、6、7 脚为 BCD 码输入端，9、10、11、12、13、14、15 脚为译码输出端，3 脚为测试输入端，4 脚为消隐（熄灭）输入控制端，5 脚为锁存控制端。

（2）能够阐述数码管 DS 的作用。

DS 的主要作用是显示数字。它由七段 LED 的阴极连在一起而成，并接地，外加限流电阻。

（3）能够阐述按键 S_1 ～ S_9 的作用。

按键 S_1 ～ S_8 为 1 ～ 8 路抢答器的抢答按键，按键 S_9 为主持人复位按键。

（4）能够阐述二极管 VD_1 ～ VD_{12} 的作用。

二极管 VD_1 ～ VD_{12} 的作用是组成数字编码器，按键闭合后产生的信号使二极管导通输出高电平，编成 BCD 码，并将高电平加到 CD4511 所对应的输入端。

（5）能够阐述集成电路 NE555 的作用。

集成电路 NE555 的作用是组成抢答器的报警电路，NE555 构成多谐振荡器，由 CD4511 输入端送过来的信号通过 4 只 1N4148 二极管后，报警电路都能起振并从 NE555 的 3 脚输出，推动蜂鸣器发出声音。

评价内容 3：分析电路工作原理。

评价标准:能够正确阐述集成电路CD4511、NE555和数码管组成的抢答器电路工作原理。

其工作原理如下：由集成电路CD4511、NE555和数码管组成的抢答器电路是由抢答、编码、优先锁存、数显、报警及复位等单元电路组成的。该抢答器电路可同时进行8路优先抢答。当电路上电正常工作时，按键S_1～S_8任意一个或几个按下后，CD4511内部电路会识别、优先锁存、译码第一个送入的BCD码，并输出信号使NE555组成的多谐振荡器起振，从而输出信号推动蜂鸣器发声，同时数码管显示优先抢答者的号数。抢答成功后，再按S_1～S_8抢答按键，显示不会改变，抢答无效。除非主持人按下S_9复位按键，复位后，显示清零，可以继续抢答。

评价内容4：根据电路现象分析故障原因，并完成检修。

评价标准：能够根据集成电路CD4511、NE555和数码管组成的抢答器（图6-9-1），使用仪器完成电路测试和故障检修。

（1）接通电源时，按下S_1～S_8中的任一按键。

学生能够正常显示数字号码，蜂鸣器发声，按下按键S_9，能复位，数码显示为“0”。

（2）接通电源时，按下S_1～S_8中的任一按键，数码管无任何数字显示。

学生能够从现象中分析存在以下原因：①因R_4开路导致CD4511的4脚为低电平而不工作；②数码管损坏；③无直流电源供电；④按键S_9短路。

判断出故障原因后，使用仪器检查相应的故障位置，完成电路检修：检查修复线路、焊点或插件口，更换损坏的元器件。

（3）接通电源时，按下S_1～S_8中的任一按键，数码管只显示“8”。

学生能够从现象中分析存在以下原因：CD4511的3脚为低电平。

判断出故障原因后，使用仪器检查相应的故障位置，完成电路检修：检查修复CD4511的3脚相关线路。

（4）接通电源时，按下S_1～S_8中的任一按键，数码管显示某一数字后，再按其他按键，数码管立刻变化，不能锁存。

学生能够从现象中分析存在以下原因：①二极管VD_{13}、VD_{14}接反或损坏；②晶体管2N3906损坏。

判断出故障原因后，使用仪器检查相应的故障位置，完成电路检修：检查修复线路，更换损坏的元器件。

（5）接通电源时，按下S_1～S_8中的任一按键，电路工作正常，但蜂鸣器不发声。

学生能够从现象中分析存在以下原因：①NE555振荡器不起振；②蜂鸣器损坏；③二极管VD_{15}～VD_{18}接反或损坏。

判断出故障原因后，使用仪器检查相应的故障位置，完成电路检修：将检查修复线路，更换损坏的元器件。

（6）接通电源时，按下S_1～S_8中的任一按键，数码管显示某一数字后，按下按键S_9后不能复位。

学生能够从现象中分析存在以下原因：S_9开路或损坏。

判断出故障原因后，使用仪器检查相应的故障位置，完成电路检修：检查修复线路，更换损坏的元器件。